# LA BERGERIE.

LA

# BERGERIE

PAR

Jules BONHOMME.

RODEZ
N. RATERY, IMPRIMEUR-LIBRAIRE
rue de l'Embergue, 21.

PARIS
VEUVE BOUCHARD-HUZARD
rue de l'Eperon-St-André, 5.

1864.

# LA BERGERIE

## CHAPITRE Ier.

### CHOIX D'UNE RACE.

On nourrit des troupeaux de bêtes à laine en vue des profits que donnent l'élevage des agneaux, la laine, l'engraissement et, dans quelques localités, le lait. On doit à ces produits ajouter le fumier, qui est le meilleur qui se produise dans la ferme.

Le fermier doit choisir, selon la situation où il est placé, la race la plus propre à lui laisser du profit et la plus convenable au genre de spéculation qu'il se propose.

Le genre de spéculation est indiqué par la nature du sol et du climat, par les débouchés qui s'offrent aux produits, et avant tout par les ressources en fourrage et en pâturages dont on dispose.

Les troupeaux d'élevage ou de brebis portières, sont ceux dont la tenue est la plus difficile et l'administration la plus complexe : leur but est la production des agneaux qui sont vendus à un âge plus ou moins avancé. Au produit des agneaux se joint celui de la laine et quelques fois du lait.

L'éleveur n'a pas, comme le simple nourrisseur ou l'engraisseur, la faculté de se défaire en tout temps de ses bêtes : ses brebis et ses béliers doivent, lorsque le troupeau est formé, demeurer plusieurs années sur la ferme, et ce ne serait qu'au prix de sa désorganisation qu'on voudrait sans cesse les changer et les rechanger. Il importe donc, au début d'une entreprise de culture, d'être bien fixé sur la race qu'on veut tenir et élever.

Le cultivateur qui débute trouvera autour de lui des races communes, acclimatées par un long séjour dans la contrée, robustes, sobres, modelées sur le sol et le climat. Leur laine sera le plus souvent de qualité inférieure, mais d'une vente assurée sur les marchés du voisinage ; leurs formes seront défectueuses à beaucoup d'égards, mais nulle autre race ne sera plus capable de se tenir et de marcher sur des côteaux escarpés, de vivre sur de maigres pâturages, de parcourir sans fatigue de vastes espaces, de résister à mille circonstances défavorables que leurs aptitudes leur permettent de braver.

Comparant le produit de ces animaux communs, mais robustes et solides, avec les chances qui peuvent accompagner l'introduction de sujets plus parfaits de formes et de lainage, on trouvera souvent que le plus sage au début d'une entreprise de culture est de leur donner la préférence, au moins provisoirement et jusqu'au moment où l'on aura les moyens de nourrir des races plus distinguées.

Mais en adoptant la race commune qu'il trouve établie dans la contrée, le fermier qui veut former un troupeau doit apporter tous ses soins à choisir les sujets les moins défectueux ; si chaque race est caractérisée par un ensemble de traits propres à tous les sujets qui la composent, il y a entre eux cependant des motifs de préférence qu'il faut connaître.

Quel que soit le but de la tenue d'un troupeau, élevage, laiterie, engraissement ou production de laine fine, c'est chez le boucher que la brebis et le mouton vont finir leur vie. On doit donc rechercher, dans toute race, les sujets dont la bonne conformation révèle le mieux la faculté de s'assimiler la nourriture, afin qu'ils soient d'un engraissement facile à la fin de leur carrière.

La faculté d'assimilation s'annonce chez la bête à laine comme chez les autres espèces domestiques, par la symétrie des formes. Dans un mouton bien fait, le corps est ample, profond, allongé et cylindrique; le dos est droit, sans ensellure; la côte est bien ouverte, la poitrine est avancée, profonde et large entre les membres de devant qui sont bien séparés, et dont l'écartement correspond à celui des membres pelviens; les uns et les autres tombent bien d'aplomb; ils doivent être courts et bien garnis de chair à l'intérieur; les os et la tête doivent être fins, mais non pas grêles; la toison est tassée, longue, fine, autant que la race le comporte, et le plus possible étendue sur toutes les parties du corps. Il faut aussi que la brebis soit bonne laitière; son pis doit être ample et ses trayons gros et bien faits.

Les animaux qui vivent à l'état sauvage ont leur genre de beauté, qui pour n'être pas celui que nous recherchons dans les races domestiques, doit cependant s'y retrouver à certains degrés. Les traits qui dénotent chez eux l'énergie de la vie, sont la vivacité du regard, l'assurance du port, le développement de la poitrine et la position symétrique des membres par rapport à l'ensemble du corps. Toute race domestique où le regard est morne et triste, le port mal assuré, la poitrine étroite, les membres grêles, longs, fléchis en dedans, doit être regardée comme ayant atteint son maximum de dégénérescence.

Si le fermier préfère à la race locale une race étrangère, il ne doit pas en tenter l'introduction avant de s'être assuré de tous les moyens de faire réussir [son entreprise : il doit avoir mis préalablement ses ressources en fourrages et en pâturages en rapport avec les besoins de la race qu'il veut adopter; il doit ensuite s'assurer des débouchés pour ses produits, et se rappeler que l'agriculture ne peut pas être une affaire de fantaisie, mais que le cultivateur, comme tout autre industriel, doit consulter le goût du public qui achète et consomme.

Sur une ferme dont le sol est sec et les herbages salubres, où la culture des plantes fourragères est assez avancée pour qu'il soit possible d'entretenir un troupeau sans le faire passer par des alternatives de disette et d'abondance, les circonstances pourront paraître favorables à la tenue des Mérinos; mais si la contrée n'offre aucun débouché pour les laines fines, si le fermier est forcé de faire vendre au loin celle qu'il récolte et de la grever de frais de port et de commission de vente, il s'expose à perdre tout le profit qu'il attend de son entreprise.

Le mécompte le plus grand peut-être que puisse éprouver l'éleveur qui entreprend l'introduction d'une race étrangère est dans la difficulté de se défaire de ses élèves. Il est rare que le public apprécie d'abord les qualités de la nouvelle race; les acheteurs redouteront de prendre des animaux dont l'expérience ne leur aura pas encore garanti la réussite. Il peut arriver aussi qu'un fermier soit plus avancé que ses voisins dans les cultures; il pourra nourrir une belle race anglaise de boucherie, mais il sera dans la contrée le seul à pouvoir le faire; dans ce cas il sera forcé de diminuer le nombre de ses brebis pour garder ses élèves jusqu'au moment où devenus adultes il pourra les livrer au boucher.

Ces exemples suffiront pour donner uue idée des embarras qui peuvent assiéger un cultivateur qui tente d'introduire une race nouvelle sur sa ferme; ils sont grands quelquefois, mais ils ne sont cependant pas insurmontables. Une des premières conditions pour les vaincre est de bien connaître les rapports qui existent entre la nouvelle race et la race ancienne à laquelle on veut la substituer et de chercher parmi les variétés du type adopté celle qui, s'éloignant le moins de la race locale, sera la moins susceptible de la dénaturer dans les croisements, tout en l'améliorant. Par exemple, si le fermier a en vue la production des laines fines et veut remplacer une race commune grande et forte par des Mérinos, il donnera la préférence à une variété de ce type des plus fortes, comme le mérinos de Rambouillet ; si la race locale est de petite taille, il choisira une variété de petite taille, comme le mérinos de Naz.

Il en sera de même si le fermier veut tenir une race anglaise de boucherie. Il est dans ce type plusieurs variétés, les unes à laine longue, les autres à laine courte, qui, tout en conservant leurs caractères distinctifs, empruntent cependant aux lieux où elles vivent des traits particuliers qui les distinguent entre elles; tout cela permet au fermier de faire un choix d'animaux qui, se rapprochant à certains degrés de la race locale, seront plus facilement acceptés dans la contrée que des variétés qui s'en éloigneraient davantage.

Il n'est pas d'espèce domestique plus répandue que la bête à laine et qui comprenne un aussi grand nombre de variétés appropriées aux exigences des stations les plus diverses; mais, en même temps, il n'en est pas dont les individus souffrent plus du changement de climat et d'habitudes, et qu'il soit plus difficile de dépayser. On peut voir ce qu'a coûté de soins l'introduction des Mérinos, aujourd'hui si bien acclimatés en France, en Allemagne et jusqu'en Russie, en lisant les mémoires des économistes qui s'occupèrent de cette question au commencement du siècle. Aussi l'éleveur doit-il avant de tenter d'acclimater une race étrangère s'enquérir de tout ce qui tient au climat de la contrée d'où elle est originaire, au régime, à la nature des herbages. L'acclimatation sera d'autant plus aisée que les rapports seront plus grands entre le milieu d'où on tire la nouvelle race et celui où on veut la placer.

Ce qui précède s'applique surtout aux troupeaux d'élevage; mais le fermier qui se borne à nourrir des agneaux ou des moutons en vue de profiter du croît et de la laine ne doit pas moins apporter de prudence dans son choix. Le plus souvent il opère dans des circonstances qui ne lui permettent pas de tenir des brebis portières ; le troupeau n'est plus alors qu'un accessoire destiné à utiliser des pâturages de peu de valeur et l'herbe laissée par le gros bétail ; souvent on ne peut lui donner à la bergerie qu'un mince supplément de paille ou de mauvais foin; le fermier est alors plus préoccupé de ne pas perdre que de gagner beaucoup : dans ce cas, il doit faire choix d'animaux robustes, sobres et capables de vivre dans les conditions les moins favorables.

L'engraisseur est plus libre dans son choix : le genre de spéculation qu'il adopte est déterminé par la fertilité du sol, qui ne permet pas de laisser incultes de vastes espaces et qui par conséquent restreint le parcours, ou par l'insalubrité des pâturages qui oblige à renouveler souvent le troupeau. Il doit avant tout rechercher les sujets les mieux conformés en vue de l'engraissement, les mieux faits, les plus symétriques. Un engraisseur intelligent peut venir puissamment en aide aux éleveurs de races précoces en combinant sa spéculation avec la leur, et en leur offrant un débouché pour leurs élèves.

En tout état de choses, le fermier doit se préoccuper de ne tenir que des animaux dont les besoins soient en rapport avec les ressources que le sol leur offre, au point de vue de l'abondance et des propriétés nutritives de l'herbage. On aurait tort sans doute de tenir de petites races sur des pâturages très-fertiles, mais le tort serait bien plus grand de vouloir tenir de grandes races sur de maigres pâturages où elles ne pourraient pas se nourrir. Règle générale, il y a toujours moins à perdre à tenir une race en dessous plutôt qu'en dessus des ressources que l'on a : la race qui est en dessous s'améliore par la bonté du régime, celle qui est en dessus ne peut que dégénérer.

## CHAPITRE II.

## PRINCIPALES RACES DE BÊTES A LAINE.

Je décrirai sous le nom de *races nobles* celles qui se recommandent par des aptitudes spéciales qu'elles possèdent à un degré plus élevé que les races communes. Les caractères qui les distinguent doivent au temps leur fixité ; ils se reproduisent invariablement par la génération entre sujets identiques et peuvent être communiqués aux races communes par voie de croisement.

Ces aptitudes sont diverses chez le menu bétail ; elles peuvent consister dans la finesse de la laine, comme principal caractère d'une race ; dans la symétrie et la perfection des formes et la précocité de l'engraissement, ou dans l'abondance du lait : de là trois types principaux chez lesquels l'aptitude dominante n'est pas forcément exclusive des autres.

Les races communes sont celles qui ne possèdent à un degré remarquable aucune des aptitudes que je viens de signaler.

### LES RACES NOBLES.

—

#### LES MÉRINOS OU RACES A LAINE FINE.

La race Mérinos est connue de temps immémorial en Espagne, d'où elle s'est répandue depuis moins d'un siècle dans les autres parties de l'Europe.

Le mouton Mérinos est trapu, de taille moyenne et même au-dessous de la moyenne ; son corps est osseux, mal fait, et ses formes dénotent peu d'aptitude à l'engraissement ; sa tête est forte, busquée, armée de fortes cornes contournées en volute et couvertes de stries nombreuses et serrées ; la peau est ample, formant beaucoup de plis et souvent développée en fanon et en collier. La toison, qui s'étend jusqu'au nez et sur les jambes, est tassée, frisée, et la mèche formée de brins dont les ondulations sont d'autant plus serrées que la laine a plus de finesse ; elle est très chargée de suint, qui lui donne un aspect particulier désigné par le mot de *truffé ;* son poids est en suint de 4 kil. environ, qui se réduisent à K. 1 50 par le lavage à froid. Les brebis ont peu de lait, elles nourrissent mal leur agneau et il arrive souvent que les bergers sont forcés d'en sacrifier un sur deux pour donner deux nourrices à celui qu'ils conservent.

En Espagne, la plupart des troupeaux de Mérinos sont transhumants, c'est-à-dire qu'ils passent l'hiver dans les plaines et les contrées basses, et sont conduits pendant l'été sur les montagnes où ils vivent jour et nuit en plein air. Ils doivent à ce genre de vie un tempérament robuste.

La race Mérinos compte en Espagne plusieurs variétés : celles de Léon et de Ségovie sont les plus renommées par la finesse de leur laine.

Les laines d'Espagne, autrefois les premières en finesse, sont aujourd'hui distancées par celles des sous-races qui se sont formées en France et en Allemagne sous l'influence du climat et surtout sous celle d'une meilleure hygiène et d'une sélection faite avec intelligence.

L'Allemagne a deux sous-races principales : la première, appelée *négretti*, est la plus rapprochée du type espagnol, elle donne une laine assez forte ; son corps, assez ample, est plus fort que dans la sous-race suivante ; la peau est plissée sur le cou, sur le ventre et sur les cuisses ; la laine couvre la tête et descend jusqu'au pied ; le brin est d'une finesse médiocre, un peu rude surtout à l'extrémité ; l'épaisseur de la toison est de 5 à 6 centimètres; son poids est de K. 2 30 pour les béliers, de K. 1 50 pour les brebis, lavée à dos.

La seconde est la sous-race *électorale :* son corps est moins ramassé que dans la première; sa tête et son ossature sont plus fines, ses membres plus longs et plus grêles, sa peau est moins épaisse et moins disposée à se plisser; la laine manque aux extrémités, et il n'est pas rare que le ventre en soit dépourvu; elle tient le premier rang pour la finesse; elle est connue dans le commerce sous le nom de *laine superfine ;* la toison est homogène sur tout le corps; son brin est long seulement de 3 à 4 centimètres, elle donne K. 0 50 à K. 1 de laine lavée à dos.

Ces sous-races n'ont pas à vrai dire d'autre mérite que celui de la beauté de leur laine.

« La grande majorité des moutons désignés en Allema-
» gne sous le nom de Mérinos à laine fine, dit Weckherlin,
» ne sont que des métis plus ou moins perfectionnés,
» ayant plus ou moins de constance; c'est le plus petit
» nombre qui appartient au pur sang mérinos. »

En France, nous distinguons deux types principaux, tous deux de la plus grande pureté.

Le premier est celui de *Naz*, dont la toison égale en finesse les plus belles laines électorales. Le Mérinos de Naz est de petite taille; il est tenu tel en vertu de ces principes, qu'un animal de faible poids offre relativement plus de surface qu'un animal de grande taille; que chez des moutons de petite taille, la peau étant plus fine, la laine est aussi plus fine, sa finesse étant en rapport avec celle de la peau. Malgré cela la sous-race de Naz est active et robuste; elle n'a point de fanon, sa laine s'étend sur tout le corps; l'épaisseur de la toison est de 4 centimètres; son poids est chez le bélier de K. 3 50 en suint.

Le Mérinos s'est amélioré sous tous les rapports dans la sous-race de *Rambouillet.* Le corps a gagné plus de poids; plus de symétrie et la laine plus de finesse, sans avoir perdu de sa force. Le bélier de Rambouillet est préféré à tous les autres par les éleveurs du nord de la France qui s'adonnent à la production des laines fines. Cette sous-race a conservé beaucoup de la solidité de l'ancien Mérinos d'Espagne et elle est devenue d'une acclimatation partout facile.

Le type de Rambouillet offre deux variétés ; l'une caractérisée par un fanon et une large cravatte formée par des plis de la peau ; l'autre dépourvue de cravatte.

La sous-race de *Mauchamp*, toute française, est une récente création de l'art.

Il arrive parfois qu'au milieu d'un troupeau de Mérinos naissent des agneaux différents des autres par la longueur et le brillant de la laine : ces agneaux étaient toujours sacrifiés. M. Graux, fermier de Mauchamp, chez qui naquit un jour un agneau de cette sorte, comprit le parti que l'industrie pourrait tirer d'une laine joignant à la finesse des Mérinos les qualités des laines de peigne. Il éleva son agneau avec soin, et plus tard il lui livra quelques brebis ; il obtint ainsi deux agneaux, un mâle et une femelle semblables au père, et qui furent l'origine de la sous-race de Mauchamp. D'abord défectueuse à la fois sous le rapport de sa conformation et du tassé de la toison, elle a été beaucoup améliorée dans l'établissement de Gevrolles ; elle donne aujourd'hui de bons animaux de boucherie. Sa toison ressemble entièrement pour la douceur et le brillant au poil des chèvres de Cachemire, avec plus de finesse et de régularité. Les béliers donnent de 3 à 4 kil. de laine lavée, les brebis 2 kil. Le cou est plus court que celui des mérinos et dépourvu de plis. Les béliers ont la tête petite, ils sont vigoureux et robustes.

Ajoutons que la laine du mouton de Mauchamp, aujourd'hui bien appréciée, sert à la fabrication des plus beaux cachemires français.

On compte en France un grand nombre de Mérinos purs ou métis à différents degrés, et dont la laine est très estimée. Il était un temps où on les tenait surtout pour leur laine qui obtenait de plus hauts prix qu'aujourd'hui, et l'on attachait peu d'importance à la conformation et à l'aptitude à l'engraissement : maintenant les éleveurs s'appliquent à faire du Mérinos un mouton de boucherie à l'égal de nos bonnes races communes; ils y réussissent jusqu'à un certain point, mais aux dépens de la toison qui perd en finesse ce que l'animal gagne sous le rapport de la conformation.

Les Mérinos doués d'assez d'énergie dans leur pays natal sont ailleurs beaucoup plus délicats que les autres races ; ils craignent le froid, l'humidité et le brouillard. Ils sont très-sujets à la cachexie dans les contrées médiocrement salubres ; beaucoup d'agneaux sont attaqués du tournis ; ils sont en outre plus que les races communes affectés de la gàle et du piétin. Comme pour les soustraire aux intempéries on est souvent obligé de les tenir à l'étable, ils coûtent beaucoup, d'autant plus qu'ils sont gros mangeurs, bien que peu délicats sur la qualité du fourrage. En outre les agneaux ont besoin de grain pour remplacer le lait de leur mère, en général peu abondant.

### RACES ANGLAISES DE BOUCHERIE.

Le caractère principal des races anglaises de boucherie consiste dans la symétrie parfaite de leur charpente, dans une haute faculté d'assimilation et dans leur aptitude à l'engraissement précoce. Dans ces races la laine est considérée comme un produit de deuxième ordre ; cependant les fermiers ne le dédaignent pas, car dans le choix des béliers, ils savent toujours donner la préférence à ceux dont la toison est la plus belle et la plus lourde. Les laines anglaises ne sont pas comptées parmi les laines fines, mais elles tiennent le premier rang parmi les laines communes.

Les races anglaises sont divisées en deux classes, selon la nature de leur toison : l'une donne une laine longue, propre au peignage, l'autre une laine courte ou laine de carde ; il y a en outre des variétés intermédiaires dont la laine est employée aux deux usages.

Le type le plus parfait du mouton anglais de boucherie est le NEW-LEICESTER ou DISHLEY ; il appartient à la classe des races à longue laine. Sa tête est petite, gracieuse, nue et sèche ; ses oreilles petites ; son cou plein, court, bien fait ; les épaules sont larges, charnues, bien placées, de manière à ne laisser aucune dépression entre elles et les parties voisines, bien séparées par une poitrine ample et saillante ; le coffre est plein, profond, allongé ; le dos droit, plat et large ; les côtes bien arrondies ; le ventre bien soutenu ; les cuisses sont écartées, bien remplies de chair à l'intérieur et jusqu'au jarret ; les membres sont courts, bien d'aplomb ; les jambes sont nues, fines et sèches ; la peau souple et fine ; la toison douce et brillante.

On sait que cette race est une création du célèbre Bakewell qui la forma, paraît-il, d'abord par sélection en secondant celle-ci par un régime très amélioré. Il avait remarqué que les animaux dont les formes sont arrondies, l'ossature fine et l'ensemble du corps le plus symétrique étaient ceux qui s'engraissaient toujours le mieux et avec le moins de frais ; il s'efforça d'après ces vues de réaliser un type qu'il conduisit presque jusqu'à l'exagération. Arrivé à son but, il continua à améliorer sa nouvelle race par elle-même. Il crut d'abord que la production d'une forte toison ne s'accordait pas avec celle de la graisse, et il négligea la laine ; les New-Leicester en étaient d'abord médiocrement pourvus. Ce point a été corrigé par ses successeurs ; la toison pèse aujourd'hui K. 4 50 environ ; quoique belle, elle est encore inférieure sous le rapport de la qualité comme sous celui du poids à celle des Romney et surtout des Lincoln, autres races à longue laine.

Nulle race n'est plus précoce et n'arrive plus vite que les New-Leicester à un haut point de graisse, lorsque le trèfle, le ray-grass, les turneps et les tourteaux ne leur sont pas épargnés ; ils ont besoin d'une nourriture abondante et de riches pâturages ; ils sont mauvais marcheurs et impropres à parcourir, en paissant, de grands espaces.

Chez les New-Leicester la graisse s'étend surtout sous la peau et entre les muscles ; mais ils ont très peu de suif. Celui-ci semble même, dit-on, disparaître à mesure que l'engraissement est porté au plus haut point ; ils sont par suite peu estimés des bouchers.

La race New-Leicester possède une grande fixité et elle est précieuse pour les croisements ; mais à cause de son excès de graisse, elle a cessé d'être en Angleterre du goût des consommateurs. Cette race n'est plus tenue que sur des fermes où l'on spécule sur la vente des béliers : ceux-ci sont achetés par des fermiers qui les recherchent pour croiser les races communes.

Les Southdown étaient autrefois une excellente race commune, active et habituée à paître sur les dunes et les collines du comté de Sussez, dans le Sud de l'Angleterre ; ils étaient renommés par la bonté de leur chair. Les éleveurs comprirent l'utilité qu'il y aurait à les rendre plus précoces et d'un engraissement plus facile. Leur amélioration, d'abord entreprise par M. Ellman, fut poursuivie dans les mêmes vues par d'autres éleveurs, parmi lesquels on doit citer le célèbre Jonas Weeb.

Voici la description qu'un économiste anglais a donnée du Southdown : « Sa tête est couverte d'un poil raz noir » ou brun ; sa toison est courte, serrée, d'une douceur de » velour et très élastique ; son port est gracieux et tran- » quille ; ses yeux sont gros, expressifs et quelquefois un » peu saillants ; ses jambes sont courtes, surtout du ge- » nou au pied, couvertes d'un poil très raz ; la poitrine » est arrondie, saillante et assez large ; le cou épais et » court sans aucun pli ; le dos est droit, aplati, d'une » largeur moyenne, et les côtes modérément arrondies. » La cuisse est pleine, bien arrondie, amincie vers le bas ; » le ventre est presque droit, mais rétréci derrière les » épaules. »

Cette race, bien que très belle, est inférieure au New-Leicester, sous le rapport des formes. Elle n'a pas la même largeur de reins, la même ampleur de côtes ; elle a derrière les épaules une dépression que n'a pas le New-Leicester ; mais ces défauts mêmes, en la tenant au-dessous des New-Leicester au point de vue de l'engraissement, la préserve de cet excès de graisse qui fait repousser ces derniers. Cependant les Southdown à deux ans sont bons à livrer au boucher et quelquefois plus tôt.

Le poids moyen de la toison du bélier Southdown est de K. 3 500, celle de la brebis de K. 1 à K. 1 500.

La race Southdown est très en faveur chez les éleveurs anglais, et répandue dans beaucoup de fermes des mieux cultivées; mais sous l'influence du fort régime que le *High-Farming* donne à tous les animaux, elle a perdu cette rusticité qui la rendait précieuse, en même temps qu'elle a gagné en symétrie. Telle que l'ont faite plusieurs éleveurs et entre autre Jonas Weeb, sa tenue est devenue une sorte de sport, presque un objet de fantaisie. Les béliers obtiennent dans les ventes des prix fabuleux.

Quoi qu'il en soit, le Southdown est, de toutes les races anglaises, celle qui s'est le plus répandue en France et qui paraît la plus apte à s'accommoder des conditions de notre agriculture.

### RACES LAITIÈRES.

Nous plaçons sous ce titre la race du Larzac à cause de sa spécialité, bien que son existence comme race distincte soit assez récente. Vers les premières années du siècle, c'est-à-dire au moment où l'on commença à cultiver les prairies artificielles dans le midi de l'Aveyron, la brebis du Larzac différait à peine des races communes; dès qu'on put mieux nourrir, on vit augmenter considérablement la sécrétion du lait, produit important dans la contrée et employé à faire le fromage de Roquefort; dès-lors les fermiers apportèrent plus de soins à conserver pour la reproduction les agneaux issus des meilleures brebis. En même temps que le lait augmentait, la toison augmenta aussi de poids et de finesse, à mesure que les troupeaux furent mieux nourris; mais on se préoccupa peu des formes du corps qui sont restées défectueuses.

On retrouve chez la brebis du Larzac les traits observés sur plusieurs races de vaches réputées bonnes laitières; une poitrine étroite et sans profondeur, un flanc large, un gros ventre, des épaules et des cuisses minces, et en même temps le pis très développé, la peau souple et fine. Les mêmes causes produisent les mêmes effets chez l'une et l'autre espèce. L'agneau comme le veau, dans les races laitières, est sevré trop tôt et mal alimenté dans sa première jeunesse; sa charpente se fait mal. La brebis, comme la vache laitière, est nourrie à outrance, sa panse et son ventre s'élargissent et comme elle doit rendre en lait presque l'équivalent de ce qu'elle consomme, il reste trop peu pour que les autres parties du corps se développent en proportion.

La taille, le volume et le produit de la brebis du Larzac varient selon la fertilité des lieux où elle est nourrie ; de là deux sous-races que l'on a voulu distinguer mal à propos, celle des vallons et celle des plateaux. Les agneaux nés sur les plateaux et conduits jeunes dans les vallons environnants où l'herbe est meilleure, y prennent plus de développement et ne diffèrent pas de ceux qui sont nés sur les sols fertiles. Le rendement en fromage a pu être exceptionnellement porté jusqu'à 33 kilogrammes par brebis, mais la moyenne du rendement est de 14 kil.

Le poids moyen de la toison est sur les plateaux de K. 2 ; de K. 2 500 dans les vallons. Elle est très chargée et ne rend pas au lavage au-delà de 33 à 35 0/0. La race, même dans les vallons, est petite.

Le bélier du Larzac communique les qualités laitières de sa race aux brebis communes. Le rayon dans lequel est produit le fromage de Roquefort s'étend tous les jours ; les nouveaux fermiers qui adoptent cette industrie ne changent pas leurs troupeaux, ils se bornent à donner à leurs brebis communes des béliers du Larzac : au bout de peu de générations l'identité est complète.

Excités à cela par le haut prix de la laine, les cultivateurs du Larzac introduisirent dans leur contrée, il y a cinquante ans, le sang mérinos, et l'on y voit beaucoup de métis à divers degrés. Au point de vue de la production du lait, c'était agir à contre-sens, car la race mérinos est peut-être la moins laitière de toutes. Aujourd'hui les fermiers les plus intelligents reviennent à la race pure.

On connaît en Transylvanie une race qui devrait, à plus juste titre que celle du Larzac, tenir le premier rang pour ses facultés laitières, car transhumante et vivant en tout temps en plein air, elle donne, sans les ressources qui résultent d'une culture avancée, 8 à 9 kil. de fromage par tête ; sa laine est longue, blanche et noire ; la peau des agneaux donne une fourrure brillante et crépue ; celles qui sont d'un beau noir sont les plus estimées. Les brebis portent 2 kilos de laine en suint ; les moutons donnent de 45 à 55 kilos de viande selon leur force.

Cette race ne paraît pas différer de celle de Zakel, nourrie sur les revers des Carpathes, où son lait sert à fabriquer des fromages connus sous le nom de Brinsen-Kaese.

### RACES CROISÉES FRANÇAISES.

Les trois races que nous plaçons sous ce titre sont des types nouveaux obtenus par croisement et que l'on s'est efforcé de mettre en rapport avec les conditions de notre agriculture et de notre climat, où la tenue des races anglaises pures est rarement possible.

Pour former la race Dishley-Mauchamp-Mérinos on donna d'abord le bélier Dishley ou New-Leicester à des brebis mérinos choisies parmi les mieux conformées du troupeau de Rambouillet. Les femelles issues de ce croisement reçurent à leur tour le bélier de Mauchamp. Il en résulta de nouveaux produits qui, avec une conformation satisfaisante, avaient une belle toison de laine de peigne fine et tassée ; ils furent alors propagés par eux-mêmes. La sous-race nouvelle entretenue dans les bergeries d'Alfort et de Montcavrel depuis une vingtaine d'années acquiert des caractères de plus en plus constants. Des béliers de cette race ont été hautement appréciés à la dernière exposition universelle de Londres et achetés par la Saxe.

Pour former la race de la Charmoise, Malingié, auquel on la doit, donna le bélier *New-Kent* ou *Romney-Marsh* amélioré à des brebis communes issues du mélange de plusieurs variétés ; il prétendit ainsi détruire chez les mères toute force d'atavisme et assurer la prédominance au sang étranger. Les extraits bien choisis et accouplés entre eux furent le point de départ d'une nouvelle race dont la taille est moyenne, l'ossature fine, la charpente bien ouverte, les épaules et la poitrine larges et profondes, la cuisse bien charnue, l'épine dorsale horizontale, les reins larges, la côte bien arrondie; sa laine est longue, belle, propre au peigne; le poids de la toison est de K. 2 500 chez les brebis. La race est petite.

La croissance de cette race est rapide et elle peut être engraissée de bonne heure.

La race de la Charmoise est robuste, peu impressionnable aux variations de la température et peu sujette aux maladies; elle paraît d'une acclimatation partout facile, sa constance est aujourd'hui assurée et elle peut être utilisée pour les croisements aussi bien que les races anglaises.

Le but d'Amans Rodat, en formant la race d'OLEMPS, fut moins de créer un type nouveau que de conserver à la race indigène des environs de Rodez ses excellentes qualités, tout en améliorant ses formes et sa toison. Comme Malingié, il se servit du bélier New-Kent; mais au lieu de chercher des brebis dépourvues de tout caractère de race, il employa ce qu'il y avait de meilleur dans la race locale. La ferme d'Olemps est située sur un sol granitique et gréseux. Le troupeau était formé de brebis dites du *Ségala*, mais supérieures à celles de cette contrée, car outre qu'il était depuis longtemps tenu avec le plus grand soin, Rodat envoyait ses antenaises passer leur première année sur un autre domaine composé de terres argilo-calcaires appartenant à la formation du Lias, et produisant un excellent herbage. Les jeunes bêtes y prenaient beaucoup de développement. La race, mais la plus belle race aveyronnaise est donc restée tout entière dans le troupeau d'Olemps. Le New-Kent lui a donné seulement plus de symétrie, plus d'ampleur et l'a rendue propre à un engraissement plus précoce.

Le poids des brebis d'Olemps maigres est après la tonte de K. 36; celui des béliers, dans les mêmes conditions, varie de K. 70 à 75. Le poids de deux agneaux très fortement nourris qui furent pesés à dix mois étaient, pour l'un, de K. 46, et pour l'autre de K. 48. La toison des brebis pèse K. 2, celle des béliers K. 3 50, leur laine est belle, propre au peigne plutôt qu'à la carde.

La race d'Olemps est robuste et supporte bien les variations très fréquentes du climat du centre, mais les agneaux souffrent un peu des grandes chaleurs; elle est très peu sujette aux maladies.

Les agneaux que vend M. Adrien Rodat, successeur de son père, sont recherchés dans l'Aveyron et dans les départements voisins, et payés à des prix de beaucoup supérieurs à ceux qu'obtiennent les plus beaux de la race commune. Beaucoup sont conservés pour la reproduction, et si l'entreprise d'Amans Rodat n'a pas eu la publicité et l'éclat de celle de Malingié, elle n'en a pas moins eu pour résultat d'amener dans un grand nombre de troupeaux une amélioration considérable.

La race d'Olemps convient surtout aux contrées où, comme dans l'Aveyron, les fermes ont de vastes étendues de pâturages naturels, et où la culture en voie de progrès permet de bien nourrir les troupeaux. Elle a sa place marquée sur une grande partie du plateau central de la France et dans plusieurs départements du Midi. Vingt-cinq ans d'épreuves répondent de sa fixité.

Nous croyons être dans le vrai en disant que les Olemps sont à la race de la Charmoise ce qu'étaient les Southdown aux New-Leicester.

## LES RACES COMMUNES.

Il serait superflu d'énumérer et de décrire nos innombrables variétés, ou races de moutons communs, partout en rapport avec l'état plus ou moins arriéré de l'agriculture, le climat et la nature du sol des contrées où elles vivent. On peut cependant reconnaître parmi elles deux types principaux : celui des montagnes et celui des plaines ou des plateaux de moyenne altitude ; les races du premier type ont généralement un port plus hardi, un aspect plus sauvage ; leur tête est quelquefois armée de cornes ; leur corps est plus trapu ; leur poitrine plus large, leur dos plus droit, leur ventre mieux soutenu, leur encolure plus courte que dans les races du second type. Il y a chez celles-ci moins d'harmonie dans l'ensemble du corps ; le ventre est plus gros, la côte moins arrondie, les épaules et les cuisses plus aplaties, le corps plus allongé, les membres plus serrés, le cou plus long, la stature plus haute, en même temps l'ossature est plus forte.

Ces types renferment chacun un grand nombre de variétés qui diffèrent par la conformation, le poids, la taille et la qualité de la laine. On peut dire cependant que si des exemplaires, appartenant à chacune d'elle, étaient rassemblés et rapprochés selon leurs caractères, il serait difficile d'en trouver d'assez tranchés pour les distinguer les unes des autres. L'agronome éprouverait dans ce cas les mêmes difficultés que le naturaliste, pour distinguer les espèces de certains genres de plantes ou d'animaux.

Quoi qu'il en soit, nos races communes sont pour la plupart loin d'être à mépriser. Le plus grand reproche qu'on leur fait est de manquer de précocité ; mais le plus grand nombre, arrivé à la maturité qui a lieu vers trois ou quatre ans, prend la graisse avec facilité, et donne une viande savoureuse, moins grasse sans doute que celle des moutons anglais, mais plus en rapport avec le goût des consommateurs français, et dans tous les cas bien moins coûteuse à produire. Voici, du reste, le témoignage que leur rend l'économiste anglais Hawitt Davis :

« J'ai tenu pendant trois mois deux lots de moutons
» français dans une cour en les nourrissant avec des
» choux-raves; leur bas prix, qui était de 22 schellings (1)
» par tête, m'avait décidé à les acheter de préférence à
» des moutons anglais qui étaient beaucoup plus chers ;
» ils ont bien réussi et ils ont donné la meilleure viande
» que j'aie jamais mangé. Un officier anglais qui avait ré-
» sidé longtemps sur les bords du Rhin, m'avait dit que
» s'ils étaient bien engraissés, leur viande, à cause de
» leur nature plus rustique, serait trouvée plus savoureuse
» et plus délicate que celle d'aucune race anglaise. J'eus
» la preuve qu'il avait dit vrai. Leur poids n'était pas égal,

(1) 27 fr. 50 c.

» les plus petits pesaient 28 kilog., les plus grands 44 kil. » Ils étaient très-doux et amusants par leur gaîté et leur » vivacité. Un fermier anglais objecterait que ces ani- » maux sont hauts sur jambes et qu'ils ont les reins » étroits ; mais ces objections tombent si l'on considère » qu'ils ont moins coûté d'achat relativement à leur poids, » et qu'ils n'ont pas la voracité des races anglaises. »

Ajoutons à ce qui précède que nos races indigènes comparées aux races anglaises, ont une robusticité bien plus grande, due à leur sobriété et à leur régime plus conforme à la nature et au tempérament de l'espèce. Chez nous, les pertes résultant de maladies sont relativement plus rares et ne se montrent qu'aux lieux où les troupeaux sont absolument mal soignés.

Le commerce range en deux classes les laines provenant de nos moutons communs. Dans la première, celle des laines intermédiaires, il estime surtout les laines du Roussillon qui tiennent à certains degrés des Mérinos. Celles du Berry, très renommées au temps d'Olivier de Serre ; celles du Poitou et de la Provence, auxquelles il faut ajouter celles du Larzac. Il met dans la deuxième classe, sous le nom de laines communes, toutes celles qui sont de qualité inférieure. Elles varient beaucoup ; il en est de courtes employées à la fabrication des draps les plus grossiers ; de longues servant quelquefois pour le peigne ; les laines noires sont principalement recherchées par les habitants des campagnes pour en faire des étoffes qui n'ont pas besoin de teinture.

Beaucoup de troupeaux de race commune ont été remplacés par des troupeaux améliorés par des béliers de sang noble. Cependant nos races indigènes sont loin d'être destinées à disparaître ; elles conserveront toujours leur utilité dans les contrées peu peuplées et qui ont beaucoup de terres incultes. On peut déplorer leur tardive maturité ; mais, la précocité d'une brebis qui donne chaque année son agneau et sa toison importe peu sans doute à l'éleveur. Dans les localités où les circonstances ne permettent ni l'élevage, ni l'engraissement, des moutons communs conviennent en ce que leur croît annuel utilise le faible excédant que les agrestes pâturages où on les met peuvent leur donner en sus de la ration d'entretien. Ils laissent ainsi, outre leur laine, un produit faible, il est vrai, mais certain jusqu'au moment où cet excédant, ne servant plus à la croissance, tourne au profit de l'embonpoint, à l'aide d'un faible supplément de nourriture.

Nos races communes ne doivent donc pas être proscrites; la seule chose à faire est de remplacer par des meilleures celles qui sont absolument mauvaises. Quoi qu'il soit vrai de dire que nos races d'animaux domestiques sont en rapport avec le sol et le climat, elles le sont plus encore avec l'intelligence des cultivateurs : il est des contrées où la négligence et l'incurie des fermiers sont générales, et où, par suite, on ne voit qu'un bétail dégénéré ; dans de telles contrées, le fermier qui veut sortir de la routine doit renoncer à ces races dégradées et faire un bon choix parmi les plus capables de vivre et de prospérer dans le milieu local. C'est ce qu'ont fait les fermiers anglais. Nos voisins sont loin de n'avoir que des Dishley, des Southdown et des Coltswold, mais partout où il leur a paru préférable de tenir des races communes, ils ont substitué les Cheviots ou les Blackfaced aux mauvaises races qu'on rencontrait chez eux, autrefois, aussi fréquemment que chez nous.

## CHAPITRE III.

### NOURRITURES DES TROUPEAUX.

La nourriture la plus ordinaire du menu bétail est celle qu'il trouve en paissant l'herbe des terres incultes, des friches et des jachères ; mais, le pâturage qui, dans bien des contrées, était autrefois sa seule ressource en toute saison, ne suffit plus dès que la tenue des troupeaux cesse d'être une simple industrie pastorale et se combine avec la culture des champs. Le fermier qui veut retirer de son troupeau tout le profit qu'il peut donner, sème pour lui des prairies artificielles et il emmagasine pour sa provision d'hiver du foin, des racines et même du grain.

Dans les contrées calcaires, les pâturages naturels sont formés d'un heureux mélange de graminées, de légumineuses et de diverses plantes aromatiques. Le tapis végétal ne présente pas toujours un gazon serré, mais la salubrité de l'herbage et ses qualités nutritives compensent ce qu'il perd sous le rapport de l'abondance. Dans les causses de l'Aveyron, de la Lozère et du Gard, parmi les rochers et les pierrailles, on voit des coronilles, des cytises, des lotiers, des vesces, des authyllis et divers trèfles, mêlés au thym commun, au serpolet, à la lavande, qui donnent à la chair des moutons nourris dans ces contrées une saveur des plus délicates.

Sur les montagnes granitiques et les pays de landes, le gazon est plus serré ; mais une pauvre plante, le *nardus-stricta*, graminée courte, rigide et coriace, appelée dans l'Aveyron *poil de chien*, en fait la base ; dans les endroits humides, il s'y mêle des joncs et des carex. Dans quelques endroits moins mauvais, on voit çà et là quelques pieds des trèfles rampant et filiforme. La bruyère qui règne sans partage sur les collines entièrement sèches, se montre aussi dans les parties plus basses et plus humides où le sol est plus profond ; elle y dispute la place à l'ajonc et à la fougère.

Ailleurs, dans les plaines basses, sur le terrain d'alluvion et sur le sol argilo-calcaire, se trouvent des pâturages d'un autre ordre : les meilleures graminées, mêlées aux légumineuses, forment un gazon serré à végétation luxuriante, mais il est rare que ces pâturages aient une grande étendue. Leur fertilité les fait réserver pour le gros bétail ; ce n'est qu'à sa suite qu'on y admet le troupeau et encore n'est-ce qu'à des moutons à l'engrais ne devant y faire un court séjour qu'on peut en permettre l'entrée : il arrive souvent que leur herbe est couverte de vase apportée des champs supérieurs avec les eaux pluviales ; souvent aussi ils sont marécageux et on doit n'y mettre un troupeau qu'avec beaucoup de précautions.

Aux pâturages naturels vient en aide l'herbe dont se couvrent les champs en jachère. Les graminées en sont la base mêlées à toute sorte d'autres plantes. Sur les terres siliceuses, les alluvions ou l'argile, les plus communes sont l'agrostis stolonifère, ou le vulpin des champs, avec du trèfle blanc et plusieurs plantes de la famille des chicoracées ; dans quelques causses, l'ivraie vivace, avec la lupuline, la luzerne sauvage, plusieurs vesces. Dans les pays de montagnes, après plusieurs années de repos, les terres en jachère se couvrent d'une forte végétation de genêts où le menu bétail trouve encore un salubre pâturage.

Après le pâturage des jachères vient celui des chaumes où, avec beaucoup d'herbes annuelles, le troupeau trouve les épis échappés aux glaneurs.

Le pâturage des bois est inférieur à celui des lieux découverts et donne une herbe que le manque de soleil rend peu nourrissante. Celui des bois de chêne où pendant l'automne les bêtes à laine mangent du gland avec les feuilles, est tonique et corrige par ses propriétés astringentes les vices des herbes trop aqueuses de cette saison ; le pâturage des bois résineux, bien que n'ayant pas d'influence nuisible sur la santé des troupeaux, diminue cependant le lait des brebis.

A ces divers pâturages, il faut ajouter, pour les contrées du Midi, celui des vignes après la vendange, où le troupeau trouve avec les feuilles beaucoup de grains de raisin oubliés par les vendangeurs.

On livre au menu bétail les prés naturels à la fin de l'automne, après qu'on en a fait sortir les bêtes à cornes. Ce pâturage est excellent pour mettre les brebis portières en bonne condition à l'entrée de l'hiver et il leur donne encore pendant cette saison le meilleur parcours, jusqu'au moment où le retour de la végétation commande au fermier de les mettre en défense. Les mieux exposés, ceux où des sources chaudes, ou les eaux qui coulent des cours de ferme entretiennent une herbe toujours verte, sont réservés aux agneaux ; ceux-ci trouvent encore un bon pâturage sur les champs de seigle dont la végétation a été vigoureuse pendant l'automne.

Dans le Larzac et les contrées voisines, on estime beaucoup, comme pâturage d'hiver pour les brebis, des côteaux exposés au Midi, appelés *Adrech* (endroit, par opposition à l'envers, qui est le regard du Nord.) Un adrech a d'autant plus de valeur qu'il est peuplé de brogolou : c'est l'*apphyllanthes monspeliensis* des botanistes. Cette herbe, à la jolie fleur bleue et dont les touffes sont formées de hampes fines et nues comme autant de brins de jonc, n'est pas desséchée par les chaleurs de l'été et se conserve verte pendant tout l'hiver. L'été l'adrech est mis en défense; l'hiver les brebis broutent le brogolou mêlé aux tiges sèches des autres herbes et aux premières pousses de quelques espèces vivaces.

Les meilleures pâtures artificielles sont pour le menu bétail le mélange de graminées et de légumineuses, la fenasse avec le trèfle blanc, le trèfle rouge ou le sainfoin, mais surtout celles qui ont pour base le ray-grass ; cette plante est très-nourrissante, elle est de nature sèche, et à ce titre elle semble plus particulièrement convenir aux bêtes à laine. Les fermiers anglais en font la base de leurs pâturages à moutons, ils la mélangent avec le trèfle rampant, le trèfle intermédiaire, le trèfle hybride et quelquefois le plantain lancéolé, la mille-feuille et le lotier corniculé, toutes espèces vivaces. Cet usage n'est pas en France assez imité.

Dans plusieurs contrées, on sème pour le troupeau des champs de lupuline. Cette plante, qui repousse avec vigueur après qu'elle a été broutée, nourrit bien et météorise rarement; elle ne réussit que sur les sols contenant du calcaire; on sème aussi comme pâturage temporaire de l'avoine, de l'orge, des vesces, des gesses. Rodat recommandait un mélange de seigle et de colza comme pâturage de printemps. Daubanton a employé pendant plusieurs années le pastel comme pâturage d'hiver pour le troupeau de Rambouillet et l'utilité de cette plante qui donne un fourrage très précoce a été confirmée plus tard par les observations de Vilmorin ; elle réussit bien, selon cet agronome, sur des terres médiocres.

Les fermiers anglais sèment souvent de la navette pour la donner en pâturages à leurs brebis avant de les livrer au bélier ; ils attribuent à cette plante la propriété de les disposer à l'accouplement et d'augmenter leur fécondité.

Les pâturages des contrées élevées et sèches sont ceux qui conviennent le mieux au menu bétail. Il faut à cette espèce d'un tempérament lymphatique, l'air tonique et les plantes balsamiques des montagnes; c'est dans des lieux où se trouvent ces conditions hygiéniques que vivent à l'état sauvage les espèces congénères de nos moutons domestiques.

La conduite du troupeau au pâturage demande beaucoup d'attention de la part du berger; l'hiver, il peut à peu près impunément les mener partout où il trouve quelque chose à paître ; il n'a pas à craindre les excès de la chaleur, et la toison des brebis déjà épaisse les garantit assez du froid ; mais il doit tenir autant que possible ses animaux à l'abri du mauvais temps et des vents froids.

Au printemps et surtout pendant l'automne, le troupeau ne doit pas paître avec la rosée, et à la sortie de la bergerie on doit le mener sur une place élevée, exposée au soleil et débarrassée d'humidité. Pour le pâturage d'été, les bergers suivent deux méthodes différentes ; les uns ne font sortir leur troupeau qu'après la levée de la rosée et évitent de le laisser paître le soir avec la fraîcheur. Le troupeau reste alors au pâturage avec la forte chaleur du jour. Il souffre de cela ; on le voit pendant les heures les plus chaudes cesser de manger. Les animaux se réunissent par groupes, restent immobiles, serrés les uns contre les autres, le nez contre terre. Les bergers aveyronnais disent que le troupeau *chôme*. D'après Daubanton, cette manière d'être aurait pour cause la peur que les bêtes à laine ont de l'œste, sorte de mouche qui dépose ses œufs sur leurs naseaux, d'où sa larve s'insinue dans les sinus frontaux. D'autres bergers ne craignent pas de faire paître avec la rosée ; ils mènent le troupeau au pâturage de grand matin, le rentrent à la bergerie aussitôt que la chaleur se fait sentir, pour le ramener le soir au pâturage lorsqu'elle commence à tomber.

Les herbes fraîches du printemps, bien que leur végétation soit vigoureuse, sont salutaires aux troupeaux pourvu que l'on sache ménager la transition du régime d'hiver à celui de l'été. Il n'en est pas de même de celles de l'automne ; les regains des prés, les repousses du trèfle engendrent souvent la pourriture dans cette saison. On doit rechercher les pâturages les plus secs et les moins fertiles ; mener le troupeau dans les bois de chêne, sur les bruyères, parmi les genêts; il ne doit jamais sortir sans avoir reçu à la crèche un peu de nourriture sèche. Le danger n'est plus à craindre après les gelées.

La météorisation est quelquefois à redouter sur les sols

fertiles lorsque l'herbe des friches, et surtout la jachère, sont riches en légumineuses ; cet accident est aussi occasionné par les feuilles de raves et par la plante appelée *bunium bulbocastanum* par les botanistes, vulgairement *terre noix*. Si le berger est forcé de faire passer son troupeau dans des lieux où la météorisation est à redouter, il évitera de l'y laisser stationner.

La manière de conduire le troupeau influe à la fois sur sa santé et sur la conservation des pâturages. Par le choix des lieux, selon les saisons, le berger préserve son bétail des excès de température, l'hiver il le tient dans les endroits abrités des vents froids, l'été il règle sa marche de manière à lui faire éviter les ardeurs du soleil ; il le mène le matin sur les pâturages exposés au couchant, il garde ceux qui sont exposés au levant pour le soir ; dans le milieu du jour, s'il ne le fait pas rentrer à la bergerie, il choisit des lieux où il puisse trouver de l'ombrage.

Lorsqu'on a de vastes étendues de pâturages peu fertiles, la manière dont on les fait parcourir importe peu à leur conservation ; il n'en est pas de même si le parcours est restreint, ce qui, d'ordinaire, suppose une certaine fertilité. Le berger doit éviter de gaspiller ses herbages, il doit tenir son troupeau rassemblé et ne lui faire quitter une place qu'après qu'il l'a épuisée ; s'il livre tous à la fois à ses brebis, elles choisissent les meilleures plantes et laissent les mauvaises qui finissent par envahir le pâturage. Le mieux est de tenir le troupeau pendant la plus grande partie du jour aux endroits les moins fertiles et de ne lui livrer les meilleurs qu'à certaines heures par lots successifs. C'est du reste à peu près la méthode suivie dans le Larzac où les brebis laitières sont nourries sur des prairies artificielles ; on les conduit sur celles-ci deux fois par jour, le matin, après qu'elles ont commencé de manger sur les friches et le soir avant de les faire rentrer. Le troupeau est habitué à se ranger en ligne, il attaque des tiges de trèfle, de luzerne ou de sainfoin, souvent hautes d'un pied, et les broute jusqu'à la racine. Le berger, comme un officier qui passe son bataillon en revue, se place à une vingtaine de pas en avant, les brebis n'avancent qu'à mesure qu'elles ont complètement dépouillé la zône qu'on leur a livrée. On dirait le travail d'un habile faucheur. Lorsque le troupeau est parvenu à la moitié du champ, on attaque le côté opposé afin de laisser à l'herbe de la partie consommée le temps de repousser. J'ai vu un champ de trèfle de huit hectares ainsi ménagé nourrir pendant un été un troupeau de 300 brebis laitières.

Lorsque le pâturage a pour base des graminées, on doit avoir la précaution de le charger suffisamment au printemps. Lorsqu'il ne l'est pas assez, beaucoup de plantes échappent à la dent du bétail, elles mûrissent et ne repoussent plus avant les pluies de l'automne ; du reste, c'est une règle qu'on doit observer avec tous les bons gazons, qui repoussent d'autant mieux qu'on n'en laisse pas l'herbe mûrir.

Dans la culture anglaise, les troupeaux sont nourris sur des pâturages artificiels dont la fertilité est entretenue par des fumures abondantes ; le fond de ces pâturages est, comme nous l'avons dit, le ray-grass ; le fermier en calcule la production de manière à les charger suffisamment de bétail, mais sans excès. Souvent il a plusieurs enclos sur lesquels il divise son troupeau pour n'avoir jamais un trop grand nombre de bêtes réunies. Il pense par là prévenir le gaspillage de l'herbe, en empêchant qu'elle ne soit foulée par trop d'animaux à la fois. Souvent, avec des brebis portières ou des moutons à l'engrais qui reçoivent dans les cours un supplément de tourteau ou de grain, il met des moutons maigres qui, plus affamés, attaquent les herbes trop dures que les autres ont dédaignées.

La provision d'hiver du troupeau varie nécessairement selon les climats et le temps pendant lequel il peut trouver à vivre au pâturage ; elle est par conséquent plus forte dans les contrées du nord que dans le midi.

Le foin des prairies naturelles et artificielles, la paille des céréales, les feuillards forment le plus souvent la base du régime d'hiver du menu bétail ; on y ajoute souvent du grain, enfin la culture améliorée y apporte un utile supplément de racines.

On doit réserver pour le troupeau le meilleur foin de la ferme et surtout celui des prés secs; le foin des prés marécageux ne vaut absolument rien. Le foin destiné à la bergerie doit être coupé un peu avant la maturité pour qu'il soit plus tendre. Il doit être rentré bien sec et préparé avec soin; il faut surtout éviter le foin vasé; on réserve le regain pour les agneaux.

Au point de vue des propriétés alibiles, le bon foin de pré a été pris comme terme de comparaison pour évaluer la valeur des divers aliments du bétail, c'est le zéro de l'échelle; le grain et les tourteaux sont au-dessus, le foin des prairies artificielles est immédiatement au-dessous; il est suivi par les diverses pailles; les racines viennent les dernières.

Les feuillards, plus estimés autrefois que de nos jours où les prairies artificielles sont à peu près partout cultivées, ne méritent cependant pas d'être dédaignés. Les meilleures feuilles sont celles de frêne et d'ormeau; celles de saule, de peuplier et d'aune viennent ensuite; la plus nourrissante est celle de chêne, mais sa dureté lui fait préférer les premières. Il est des contrées où l'on plante au bord des champs des frênes et des ormeaux en vue d'en utiliser la feuille pour le troupeau. Ils sont tenus sur trois branches au-dessus du tronc et élagués tous les trois ans. C'est au commencement de septembre que se fait la coupe, les rameaux sont liés en fagots qu'on laisse quelques jours exposés au soleil avant de les rentrer dans la grange. Quelques fois on se borne à en faire des meules qui restent dehors jusqu'au moment du besoin.

La paille est d'une utilité très grande dans la bergerie au printemps; l'automne et l'été, pendant les jours pluvieux, le troupeau ne devrait jamais sortir sans en avoir reçu à la crèche. Lorsqu'on nourrit avec des pulpes ou des racines, il est nécessaire, à défaut de foin, de donner une ration de paille. Celles de froment et d'avoine sont les meilleures; du reste plusieurs circonstances influent sur sa valeur; lorsqu'elle contient beaucoup d'herbe, la qualité en est augmentée; elle est la meilleure lorsque dans la céréale on a semé un fourrage dont la sortie a été vigoureuse; elle perd de ses qualités lorsque la rentrée en est rendue difficile par le mauvais temps. On ne doit employer que pour litière celle qui a été rouillée.

Les tiges des légumineuses qu'on a laissées mûrir, telles que vesces, gesses ou lentilles, ont une valeur nutritive supérieure à la paille des céréales; elle varie du reste selon le moment de la récolte, elle est d'autant plus grande qu'on a coupé de bonne heure. Il est des localités où l'on fauche les deux premières espèces presque vertes, on bat sur l'aire, il ne tombe qu'une partie du grain, celui qui est tout à fait mûr, l'autre reste dans la paille et contribue à en faire un aliment très-nutritif.

Trop mûre, la paille des légumineuses ne doit pas être donnée aux brebis, elle leur fait perdre le lait; on doit la réserver de préférence pour les moutons.

Il est des contrées où l'on engrange de l'avoine sans la dépiquer pour la donner au troupeau qui y trouve ainsi réunis le grain et la paille; celle-ci est d'autant meilleure qu'elle a été coupée plus verte. Ailleurs, on cultive dans le même but un mélange de vesce, de seigle et d'avoine. Rien de meilleur pour des brebis nourrices ou pleines, mais à la condition cependant de tempérer par une ration de racines ce qu'un semblable aliment a de trop échauffant.

Les racines et principalement les turneps et les rutabagas sont, en Angleterre, la base du régime d'hiver des troupeaux. Les bêtes à laine sont parquées sur les champs de turneps où elles reçoivent, en outre, dans des rateliers mobiles un supplément de foin. En France, les racines ne sont le plus souvent qu'un accessoire, mais un accessoire très utile. Combinées avec la paille ou le foin, ces deux sortes d'aliments, l'un sec, l'autre trop aqueux, se tempèrent l'un par l'autre et le troupeau reçoit par ce moyen une ration analogue à celle qu'il prend dans les plus salubres pâturages. De toutes les racines fourragères, la pomme de terre et le topinambour sont regardés comme les plus nourrissantes; la carotte vient après, ses qualités aromatiques la font regarder comme la plus saine. Viennent ensuite les rutabagas et les navets, et en dernier la betterave. Ces racines sont d'ordinaire données crues aux ruminants.

Combinées avec du foin, du grain ou des tourteaux, les racines donnent aux brebis beaucoup de lait; mais, si on les donnait seules, ce lait aurait peu de valeur, surtout celui des brebis nourries avec des betteraves.

En général, les racines ne doivent jamais faire plus de la moitié de la ration absolue du troupeau : leur valeur nutritive est estimée en moyenne moins du tiers de celle du foin; pour former une ration ayant la valeur de 2 kilogrammes de foin on devra donner au moins 1 de foin, et 3,30 à 3,50 de racines; mais au point de vue de la santé du troupeau, surtout si l'on tient des races qui ne sont pas encore habituées à ce régime, il y aura toujours avantage pour leur santé à augmenter la dose de nourriture sèche et à diminuer celle des racines. Les troupeaux, dans la ration desquels elles entrent pour une trop forte part, ne tardent pas à montrer des dispositions à la pourriture.

Pour donner les racines au troupeau, on les coupe en petits fragments après les avoir lavées; on se sert utilement pour cela d'un coupe-racines à lames dentées, tel que celui que fabrique la maison Laurent, à Paris. On peut les mêler avec des balles de colza, de froment ou de la paille hâchée.

On appelle provende un mélange de pois gris, de vesces, de gesses, d'avoine ou d'autres grains. On s'en sert avec avantage pour les brebis nourrices et les animaux à l'engrais; elle est très utile aux agneaux au moment du sevrage. Le grain nourrit beaucoup plus que le foin; il doit être donné avec précaution aux bêtes à laine qui ont souffert d'un mauvais régime. Dans certaines parties de l'Angleterre, la fèverole entre pour une forte part dans la nourriture des troupeaux.

Rodat regardait la graine de lupin comme très salutaire

aux agneaux et aux bêtes à laine en général. Le principe amer que cette graine contient lui paraissait un bon antidote contre la pourriture. Les lupins ayant la propriété de se gonfler beaucoup dans l'estomac, on ne doit les donner au bétail qu'après les avoir fait quelque temps macérer dans l'eau chaude, sous peine d'indigestions souvent mortelles.

Les fermiers anglais emploient beaucoup le tourteau de colza à la nourriture des bêtes à laine. Il accélère l'engraissement toujours assez lent lorsque le régime a pour base les turneps; mais leurs économistes s'accordent à dire que son principal avantage est dans la valeur qu'il donne au fumier, la viande qu'il produit n'étant pas toujours en rapport avec le prix qu'il coûte.

Dans les pays de vignoble, on utilise le marc de raisin comme aliment pour les troupeaux; il est très excitant : aussi son usage doit-il être tempéré par des racines, ou par un bon pâturage.

Le menu bétail boit peu. Lorsque l'herbage est aqueux, la boisson lui est même plus nuisible qu'utile. Pendant l'été, au contraire, lorsqu'il ne trouve qu'une herbe sèche au pâturage, on doit le mener régulièrement à l'abreuvoir. Le meilleur est un ruisseau au bord duquel on fait passer le troupeau rapidement sans laisser aux animaux le temps de se gorger d'eau. Les troupeaux de brebis laitières ont plus besoin d'être abondamment abreuvés que les autres.

## CHAPITRE IV.

### LA BERGERIE, LE PARC ET LE PERSONNEL.

Le troupeau doit trouver dans la bergerie un logement sain, à l'abri de l'humidité, suffisamment aéré pour n'avoir pas à redouter les émanations malfaisantes, assez spacieux pour que chaque bête s'y puisse mouvoir librement. En outre, le local doit offrir la possibilité de tenir séparés les divers ordres d'animaux dont se compose le troupeau; car, on sait qu'on ne met pas ensemble les brebis portières, les moutons, les bêtes d'engrais, et qu'il faut, pendant la monte au moins, séparer les antenaises, etc. Il faut, en outre, au temps de l'agnelage, pouvoir isoler certaines brebis et presque en tout temps les béliers.

On connaît un grand nombre de plans de bergeries, offrant des dispositions plus ou moins ingénieuses et la plupart du temps très-compliquées. Nous ne nous y arrêterons pas : je me bornerai à dire ce que doit être une bergerie construite avec simplicité et offrant les conditions que peut désirer un agriculteur soigneux du bien-être de son troupeau.

La forme la plus convenable est celle d'un parallélogramme dont la façade principale regarde le midi ou le levant et dans la longueur de laquelle sont ouvertes plusieurs larges portes, selon le nombre des divisions qu'on peut avoir besoin de faire.

La bergerie doit être précédée d'une cour fermée dans laquelle le troupeau puisse être, au besoin, laissé à l'air et en sûreté, et où il est quelquefois utile de le tenir pendant la nuit lorsqu'on ne fait pas parquer.

La grandeur de la bergerie doit être en rapport avec le nombre, l'âge et la taille des animaux qui l'habitent. Les économistes qui se sont occupés de ce sujet varient beaucoup sur l'espace à donner à chaque bête. Morel de Vindé voulait en surface 1$^{m}$ 05 pour une brebis et son agneau, 0$^{m}$ 63 pour une bête adulte seule, avec une longueur de crèche de 0$^{m}$ 32 par brebis et 0$^{m}$ 40 par mouton. Ces proportions sont à la rigueur suffisantes et sont loin de se trouver dans beaucoup de bergeries où le menu bétail réussit cependant très-bien. Cependant, un cultivateur progressif s'en contentera rarement, et s'il est dans la nécessité de construire une bergerie, il devra donner une surface de 1$^{m}$ 50 par brebis portière, ne fût-ce qu'en prévision de l'augmentation possible de son troupeau.

La hauteur de la bergerie doit être de 3 mètres au-dessus du sol; cette hauteur est nécessaire, surtout à cause de l'usage de laisser le fumier dans la bergerie et de l'enlever seulement une ou deux fois par an.

La bergerie doit avoir sur toutes ses faces un grand nombre d'ouvertures munies de volets pour y laisser circuler l'air et en régler la température; elles doivent être placées à une hauteur telle que les courants d'air aient lieu au-dessus des brebis, pour qu'elles n'en soient pas incommodées. Le menu bétail ne craint pas le froid, protégé qu'il est par sa toison. Cependant une température un peu chaude est nécessaire aux brebis nourrices et aux agneaux. Elle influe, en outre, favorablement sur le poids et la finesse de la toison et sur la production du lait.

Les crèches et les rateliers se font de plusieurs manières. Souvent les crèches sont en maçonnerie et placées le long des murs, mais de telles crèches sont peu commodes en ce sens que lorsque le fumier s'accumule sur le sol, elles sont enterrées et se trouvent bientôt à son niveau.

Au-dessus des crèches sont placés des rateliers dont les fuseaux sont écartés de 8 à 9 centimètres. On peut avoir des crèches en bois bien préférables et peu coûteuses, faites de troncs d'arbres creusés en gouttières, dont un des bords sert de traverse inférieure au ratelier qui, de cette manière, forme corps avec la crèche. On les suspend d'une manière quelconque à la hauteur voulue, et l'on a la faculté de les élever à mesure que s'élève la couche de fumier.

D'autre fois la crèche est faite d'une simple planche inclinée, avec un rebord, et fait corps avec le ratelier comme la précédente. Les fuseaux sont placés de manière à laisser dans le bas du ratelier un espace de 12 centimètres environ entre eux et le mur.

Ces appareils, par leur simplicité, par la faculté qu'on a de les réparer à peu de frais, paraissent bien préférables à d'autres plus compliqués.

Les rateliers et les crèches placés le long des murs ne suffisent pas toujours. Dans beaucoup de bergeries, on en place d'autres, soit dans le sens de la longueur, soit dans celui de sa largeur ; ils ne diffèrent des premiers qu'en ce qu'ils sont doubles. Le plus souvent la crèche est formée d'une simple planche avec un rebord de chaque côté et portant dans le milieu de sa largeur deux rangs de fuseaux pour former les rateliers. La crèche a plusieurs pieds qui reposent sur le sol comme ceux d'un banc. Quelquefois l'appareil est suspendu au plancher par des cordes et des poulies qui permettent de l'élever à volonté et de le tenir suspendu contre le plancher. Cette disposition est utile lorsqu'on enlève le fumier et permet de donner plus de place aux animaux pendant la saison où ils vivent seulement au pâturage.

La profondeur des crèches varie selon le genre de nourriture que reçoit le troupeau. Si l'on se borne à donner du fourrage sec, un simple rebord de 3 à 4 centimètres suffit, mais elle doit être plus grande lorsqu'on nourrit avec des racines ou des pulpes.

Les rateliers doivent être peu inclinés sur les crèches

afin d'éviter que les brins de foin, les feuilles de trèfle ou de luzerne ne tombent par terre ou ne se mêlent dans la toison.

Il n'y a nul inconvénient à ce que la grange à fourrage soit placée au-dessus de la bergerie, séparée par un simple plancher. On n'a, quoi qu'on en ait dit, rien à redouter pour le fourrage des émanations du fumier, mais il importe que le plancher soit bien joint pour éviter que les débris et la poussière ne tombent sur les moutons.

On doit ménager, dans la bergerie, plusieurs petites loges d'un mètre et demi en carré pour quelques sujets qu'on peut avoir besoin d'isoler. On peut en placer commodément un rang le long d'un des murs de pignon ; il en faut de plus grandes pour les béliers, lorsqu'ils ne sont pas tenus dans un local séparé.

La bergerie que fit construire A. Rodat, dans sa ferme d'Olemps, a 40 mètres de longueur sur 7 mètres de largeur; au milieu règne un rang de piliers qui soutiennent le plancher ; ces piliers sont, en outre, utiles pour les séparations dont on a besoin. On forme celle-ci avec des claies mobiles, soutenues d'un côté par les piliers, de l'autre par les murs; on peut aisément en varier le nombre. La bergerie a deux grandes portes à l'exposition du midi. Lorsqu'on enlève le fumier on déplace toutes les claies ; les chars circulent librement, entrant par une porte et sortant par l'autre, sans qu'il y ait encombrement. Les lits des bergers, les petites loges, l'escalier pour monter à la grange sont placés aux extrémités contre les murs de pignon.

La litière est utile sous plusieurs rapports : d'abord pour la santé du troupeau ; en second lieu pour augmenter la masse du fumier. La paille est la meilleure litière ; on emploie aussi avec avantage des feuilles ramassées dans les bois. Celle de châtaignier ordinairement mêlée de fougère, est la plus estimée. Dans le midi on se sert de rameaux de buis, ailleurs de bruyère.

On peut économiser la litière lorsque le temps est sec et que le troupeau ne trouve au pâturage qu'une herbe peu succulente ; elle doit être abondante, au contraire, avec le temps humide, ou lorsque les aliments sont de nature relâchante.

Le parcage est réputé salutaire aux troupeaux ; on le regarde comme un préservatif du piétin et de l'inflammation des fosses nasales.

Les animaux habitués au parcage sont robustes, alertes, vifs, bons mangeurs; cependant, le parcage a ses adversaires : on lui reproche d'altérer le bout des mèches des toisons, dans les troupeaux à laine fine ; il est reconnu pour être nuisible à la production du lait ; quoiqu'il en soit, partout où les troupeaux peuvent supporter le parcage sans en souffrir et sans inconvénient pour le produit qu'on leur demande, il y a pour leur santé comme pour la bonne économie du fumier avantage à faire parquer.

Le parc est nuisible dans les climats pluvieux et les contrées sujettes à des brouillards fréquents.

On doit éviter de faire parquer sur les terres marécageuses, malsaines, ou qui retiennent l'eau après les pluies. On doit placer le parc seulement sur des terres sèches, perméables et de préférence en des lieux abrités.

On forme le parc au moyen de claies mobiles dont la forme et la grandeur varient selon les localités. Elles doivent être à la fois légères et solides, avoir assez de hauteur pour que les moutons ne puissent pas les franchir, et être assujéties de manière à ne pouvoir pas être aisément renversées. Il en existe de plusieurs formes : nous n'en décrivons aucune spécialement, chaque contrée ayant la sienne à laquelle les bergers sont habitués et qui remplit partout assez bien son objet.

Les bergers doivent passer la nuit au parc avec leur troupeau, accompagnés de leurs chiens pour le défendre des loups et des voleurs. On donne à chacun d'eux une cabane qui contient leur lit. La meilleure est une sorte de huche portée sur des roues et munie d'un timon ou d'un brancard pour la mouvoir à volonté. Elle est longue de 2 mètres sur 1 mètre de largeur et couverte d'un toit à double pente; sa hauteur, sous le toit, est de 1 mètre 25 sur les bords ; de 1 mètre 60 au milieu ; elle s'ouvre par une porte à coulisse placée sur un des côtés.

Les chiens doivent être habitués à ne pas s'éloigner du parc, afin d'être toujours prêts à sa défense.

L'espace qu'on donne au parc varie selon l'énergie de la fumure que le terrain doit recevoir, depuis 1 mètre carré par tête jusqu'à 2. Dans le premier cas, la fumure est considérée comme forte ; elle est faible dans le second. Il est des localités où tout en ne voulant donner qu'une faible fumure, on renferme le troupeau dans un parc étroit ; on le déplace alors au milieu de la nuit. Cette méthode est mauvaise ; il vaut mieux donner plus d'espace et laisser parquer la nuit entière au même endroit.

Les chiens de garde, dont on se sert dans les pays de montagne, appartiennent à la forte race des mâtins des Alpes et des Pyrénées ; mais il est bien rare qu'ils ne soient pas dégénérés. La conservation de cette race précieuse mériterait d'être plus encouragée qu'elle ne l'est.

Dans d'autres contrées, on emploie la race plus intelligente, plus docile, aussi courageuse, mais moins forte, spécialement désignée sous le nom de *chien de berger*. Son type est le chien de Brie, gris tirant sur le fauve ou le noir, au poil rude et long, au museau pointu, à l'œil vif et intelligent. La taille et la force de ces chiens varient : il en est qui sont capables d'attaquer le loup, mais là où ces derniers sont peu à craindre, on préfère des chiens moins forts. On les dresse avec soin : sur un signe du berger, ils rassemblent le troupeau, ramènent toute bête qui s'écarte, empêchent l'entrée des lieux mis en défense ; les mieux dressés remplissent leurs fonctions avec douceur, sans jamais mordre aucune bête ; ils n'ont besoin que de quelques éclats de voix, bien connus du troupeau.

Les chiens doivent être assez bien nourris pour que la faim ne les porte pas à aller à la maraude, ce qui arrive souvent quand on ne leur donne pas le nécessaire. Dans les contrées fréquentées par les loups, on doit les armer de colliers garnis de pointes de fer.

Le fermier doit apporter toute son attention à bien choisir son berger, car de tous les agents de la ferme, c'est celui qui est capable de lui causer le plus de dommage, par sa négligence ou son mauvais vouloir ; il faut qu'il soit probe avant tout, et qu'il ait l'amour de son état. Il doit être doué d'un coup d'œil particulier qui lui fait reconnaître toutes les bêtes du troupeau et apercevoir de suite celles qui montrent quelques signes de maladies. Il doit se rendre compte à la première inspection qu'il fait des pâturages, de leur valeur et de leurs défauts; il reconnait à première vue les lieux insalubres et les places qu'on doit éviter ; les heures, les saisons où il convient de mener le bétail dans tel lieu plutôt que dans tel autre ; il doit être prévoyant et ménager des pâturages et des provisions d'hiver, et savoir régler la distribution de celle-ci, selon les jours et le temps; il doit être doux, patient, aimer le bétail, savoir s'en faire suivre et ne jamais le pousser devant lui; il doit encore savoir faire au besoin quelques opérations, telles que remettre un membre fracturé, panser les animaux atteints du piétin, faire une saignée, etc.

Le métier de berger exige un assez long apprentissage, il est bon que celui qui l'exerce l'ait commencé jeune.

Quelles que soient les qualités d'un berger, le fermier ne doit pas se reposer entièrement sur lui ; mais, tout en le surveillant, il doit lui accorder une certaine confiance, et, sans lui prodiguer les éloges, lui témoigner en temps et lieu sa satisfaction ; mais le moyen le plus sûr d'attacher le berger au troupeau est d'être soi-même glorieux de sa belle tenue et de montrer qu'on ne veut rien épargner pour qu'il soit en bon état.

Il arrive souvent qu'un berger est convoiteux (1) des pâturages qui ne sont pas réservés au troupeau, des herbes fraîches et grasses où il serait heureux de le voir se repaître à plein ventre sans souci des inconvénients qui peuvent en résulter; à ses yeux, les pâturages sont toujours trop maigres et la provision d'hiver trop courte. On a tout à craindre d'un tel homme chez qui l'amour du bétail est passé à l'état de manie et qui en perd toute prudence ; on doit se hâter de s'en débarrasser.

(1) *Couvés*, en patois aveyronnais.

Dans beaucoup de localités, il est d'usage de payer le salaire des bergers partie en argent et partie par la faculté qu'on leur donne de tenir pour leur compte un certain nombre de bêtes dans le troupeau. Cette méthode a ses avantages et ses inconvénients. Les premiers sont de rendre le berger intéressé à la prospérité du troupeau et solidaire des pertes et des bénéfices; les seconds sont de donner lieu à de nombreuses infidélités : non-seulement le berger peut aisément donner à ses bêtes de doubles rations de provende, mais encore il peut, et le cas est dit-on fréquent, substituer aux siens les plus beaux agneaux du maître.

Lorsqu'on autorise le berger à tenir des bêtes pour son compte, ce qu'on appelle dans l'Aveyron des *hivernes*, celles-ci doivent être toujours de même sorte que celles dont se compose le troupeau. Il ne faut pas, par exemple, que le berger ait des moutons à engraisser dans un troupeau de brebis portières, ou des brebis dans un troupeau de moutons : l'expérience montre qu'il résulte les plus grands inconvénients de cette divergence d'intérêts : on a vu des bergers, pour mieux engraisser des hivernes qu'ils voulaient vendre, conduire le troupeau sur des pâturages malsains, sans souci du dommage qui pouvait en résulter pour le maître.

Quoi qu'il en soit, la vigilance du maître peut atténuer beaucoup les inconvénients du mode de paiement en hivernes et même le faire tourner à son avantage.

Le matériel de la bergerie, outre les claies de parc et les cabanes des bergers, se réduit à peu de chose. Il comprend de grands paniers pour la distribution des fourrages, une fourche et un crochet à foin, un emporte-pièce pour marquer les agneaux, un chaudron, un baquet pour faire boire au blanc les brebis qui viennent de mettre bas, des sellettes et des baquets en bois ou en tôle étamée pour traire ; enfin on doit y ajouter, lorsqu'une culture améliorée les rend nécessaires, un coupe-racine et un laveur. Ces ustensiles doivent être toujours tenus en bon état; ajoutons à cet inventaire un balais pour nettoyer les crèches et une lanterne.

## CHAPITRE V.

### REPRODUCTION ET ÉLEVAGE.

Dans l'espèce qui nous occupe, le mâle reproducteur porte le nom de *Bélier*.

La femelle s'appelle la *Brebis*.

Les jeunes sont appelés *agneaux* ou *agnelles*, selon leur sexe.

Depuis l'âge d'un an jusqu'à deux les mâles s'appellent *antenais* ou *antenois*, les femelles *antenaises*.

Les mâles châtrés conservent mal à propos le nom de *moutons*.

Ce dernier nom est pour les naturalistes le nom générique de l'espèce : il est moins employé dans ce sens par les agriculteurs qui préfèrent dire : l'*espèce ovine*, les *bêtes ovines*, les *bêtes à laine*, le *menu bétail* ou même les *troupeaux*. Olivier de Serre disait les *ouailles* ou le *bétail lanu*.

On doit regretter que la langue agricole n'ait pas conserver le nom d'*ouailles :* le moyen nous manque pour désigner l'espèce d'un seul mot.

L'âge des bêtes à laine se connaît à l'examen des dents ; celles-ci sont en nombre de 32 : 8 incisives à la mâchoire inférieure, la supérieure en est dépourvue ; 24 molaires, dont 6 à chaque mâchoire et de chaque côté.

L'agneau n'a pas de dents en naissant : les deux premières incisives paraissent le second ou le troisième jour et les autres successivement avec les 12 premières molaires, jusqu'au 25e jour. A 3 mois, elles forment le rond.

A un an et demi, les deux premières dents de lait appelées pinces, tombent et sont remplacées par deux dents permanentes.

A deux ans et demi les premières mitoyennes sont remplacées à leur tour.

A trois ans et demi a lieu le remplacement des secondes mitoyennes ; à quatre ans et demi celui des coins. La sortie de ceux-ci est assez lente et ce n'est qu'à cinq ans que le rond est complet.

Le rasement des premières dents d'adulte est plus ou moins marqué, lors du remplacement des dernières dents de lait. Toutes les incisives se rasent successivement jusqu'à neuf ans, mais l'usure a lieu sans beaucoup de régularité. Elle est accélérée ou retardée par le genre de nourriture et la nature du sol où paissent les troupeaux.

Dans les races anglaises précoces, l'époque du remplacement des dents de lait est avancée, comme la maturité des sujets qui appartiennent à ces races. Chez plusieurs d'entre elles, les pinces sont remplacées à 14 mois, les premières mitoyennes à 2 ans, les deuxièmes à 33 mois, les coins à 3 ans et demi. Chez les New-Leicester, le remplacement des dents de lait est plus prompt encore : les pinces sont remplacées à un an, les premières mitoyennes à 18 mois, les secondes mitoyennes à 27 mois, les coins à 3 ans.

Un troupeau de brebis portières doit se distinguer par une ressemblance complète de taille, de conformation et de lainage entre tous les sujets qui le composent et offrir ce que la race à laquelle il appartient a de plus parfait.

La brebis diffère du bélier par une taille plus faible, des formes moins développées, mais elle doit en approcher autant que possible sous le rapport de la symétrie ; le bassin doit être large, afin que la place ne manque pas au fœtus pour se bien développer ; ses mamelles sont amples pour qu'elle ait beaucoup de lait, la poitrine doit être large et profonde, ce qui est le meilleur signe de l'énergie vitale et d'une bonne constitution.

Le bélier doit être vif et fier de port et d'allures, parfait de formes et pas trop disproportionné dans sa taille d'avec la brebis. Ses testicules doivent être gros ; ses mamelons bien marqués comme témoignage de son pouvoir de transmettre par la génération les propriétés laitières de la race, ce qu'il fait au même degré que la brebis.

Le bélier et la brebis doivent avoir leur toison aussi belle, aussi abondante que leur race le comporte ; ils doivent autant que possible être l'un et l'autre sans défauts ; mais c'est principalement à bien choisir ses béliers que le fermier doit porter son attention. Un bélier peut féconder de 70 à 80 brebis et laisse son empreinte dans un égal nombre d'agneaux. Chaque brebis ne donne qu'un agneau d'ordinaire. Il en résulte que l'influence du mâle est bien plus grande que celle des femelles dans l'amélioration des troupeaux.

Les brebis sont le plus souvent livrées au bélier à l'âge de 15 à 18 mois ; mais les éleveurs soigneux préfèrent attendre 2 ans et demi ou 3 ans ; les jeunes mères sont alors plus développées et donnent des agneaux plus forts.

Les béliers sont employés à la reproduction au même âge que les brebis. L'expérience montre même qu'on peut obtenir de bons produits d'agneaux de 10 mois, mais à la condition de ne leur donner qu'un très petit nombre de brebis, et de ne pas les laisser se fatiguer.

La durée de la gestation varie de 146 à 161 jours, le plus grand nombre de brebis met bas entre le 150e et le 154e, le plus petit nombre dépasse ce terme.

On prépare les brebis à recevoir le bélier en les plaçant dans de bons pâturages ; il est essentiel qu'elles soient alors en bonne condition. Les fermiers anglais leur réservent pour ce moment un champ de trèfle ou mieux de navette (1). Les béliers, au moment qui précède la monte

(1) Milburn attribue à la navette la propriété d'augmenter le nombre des doubles portées, et il cite un petit fermier qui obtint trente-quatre agneaux de quinze brebis, nourries sur un champ de navette.

et pendant sa durée, doivent être bien nourris et recevoir une ration de provende, ou d'avoine mêlée d'un peu de sel.

Les signes de chaleur sont peu marqués chez la brebis; elle se manifeste par une légère rougeur de la vulve, la brebis alors recherche le bélier, le lèche et provoque ses caresses.

On distingue la *monte sauvage* ou *libre*, qui est la plus ordinaire, et la *monte à la main* ou réglée.

La monte libre se fait en laissant les béliers au milieu du troupeau; ils couvrent les brebis à mesure qu'elles deviennent en chaleur. Un bon bélier peut aisément servir pour 70 à 80 brebis; cependant il est utile qu'ils n'aient pas à en couvrir chacun plus de 60; outre qu'ils se fatiguent moins, la monte dure moins longtemps, les naissances sont plus rapprochées, les agneaux plus égaux.

Lorsqu'on a plusieurs béliers, il peut être utile de savoir par lequel d'entre eux chaque brebis a été saillie; il est pour cela un procédé assez simple qui consiste à barbouiller le ventre de chaque bélier avec des poudres de différentes couleurs; ils en laissent l'empreinte sur le dos des brebis qu'ils viennent de saillir. Ce procédé peut servir encore à se rendre compte de l'état de la monte et à savoir le nombre des brebis qui restent à saillir.

Hors du temps de la monte, les béliers ne doivent pas être tenus avec les brebis. Celles-ci, dès le sevrage des agneaux, deviennent fréquemment en chaleur et on doit éviter d'avoir des naissances en tout temps.

La monte réglée permet de tirer un plus grand parti de béliers précieux et de diriger les appareillements. Les béliers sont tenus hors du troupeau et nourris à l'étable ou dans des pâturages réservés; on leur amène les brebis à mesure qu'elles deviennent en chaleur. Pour reconnaître celles qui sont dans cet état, on met dans le troupeau des béliers communs munis d'un tablier de toile attaché sous le ventre pour les empêcher de s'accoupler. Chaque brebis est saillie deux fois, après quoi on la ramène au troupeau.

Dans les bergeries où la monte est réglée et particulièrement dans les troupeaux de Mérinos, les béliers et les brebis ont chacun un numéro; on l'inscrit sur un registre avec tous les détails qui concernent la généalogie, l'âge et les diverses particularités qui distinguent le sujet qu'il désigne. On note à l'article de chaque brebis le jour de la monte, celui de l'agnelage, le nom du bélier qu'elle a reçu. Dans les unions qu'il provoque, le fermier agit alors avec connaissance de cause, soit pour conserver à sa race toute sa pureté, soit pour donner à ses croisements le degré de sang voulu, soit pour éviter les unions rapprochées et tout ce qui pourrait occasionner une dégénérescence.

Pendant la gestation, les brebis doivent être conduites avec beaucoup de ménagement; on doit leur éviter les marches pénibles, les chocs, les causes d'effroi qui peuvent amener des avortements; elles doivent être bien nourries mais sans excès. Une alimentation trop substantielle dans le temps qui précède l'agnelage produit un lait trop épais, qui occasionne chez les agneaux, après leur naissance, des indigestions et des diarrhées souvent funestes; ceci est à craindre surtout lorsque les brebis mettent bas au printemps après qu'elles ont été nourries pendant l'hiver de foin et de provende.

L'approche du part est annoncée par divers signes : au commencement du cinquième mois, le pis grossit, la vulve se tuméfie et laisse échapper un écoulement muqueux, d'abord assez clair, mais qui s'épaissit peu à peu; pendant les derniers jours, la vulve est plus saillante, le pis est rempli de lait, le ventre s'abaisse; enfin, lorsque le moment est venu, la brebis s'agite et fait entendre quelques bêlements plaintifs; elle se couche, se lève et se couche encore; le berger alors ne doit pas la perdre de vue; il aperçoit bientôt dans le vagin élargi une sorte de cône formé par les pattes et la tête de l'agneau. Celui-ci ne tarde pas à être expulsé par les efforts de la mère.

Lorsque la brebis est en bonne santé, le part a lieu presque toujours naturellement; mais il arrive quelquefois que l'agneau vient mal et présente, au lieu du museau, le sommet ou un côté de la tête. D'autres fois, au lieu d'être dirigées en avant, les jambes sont ployées en arrière. Le berger doit essayer de ramener les choses à leur position normale ; il a alors à exécuter des mouvemdnts qui exigent de sa part beaucoup d'adresse et qui ne peuvent être enseignés que par la pratique.

Quelquefois un état de pléthore apporte de l'embarras dans l'accouchement ; on y remédie par une saignée qui ne doit pas aller jusqu'à affaiblir la brebis.

Si après le part la brebis tarde à rendre l'arrière-faix, on lui fait prendre un peu de vin pour la fortifier. Dans tous les cas, ce n'est qu'à la dernière extrémité qu'on doit chercher à extraire le délivre, car si l'opération se fait mal, ou risque d'en laisser dans la matrice une partie qui s'y corrompt et amène de graves désordres, ou de produire un déchirement d'où peut résulter la stérilité.

Après l'accouchement, il faut laisser les brebis lécher son agneau et le nettoyer ; on lui fait boire de l'eau tiède blanchie avec une poignée de farine et légèrement salée.

Quatre ou cinq heures après sa naissance, si l'agneau n'a pas pris lui-même le pis de sa mère, on le fait téter. C'est une erreur de croire qu'on doive l'empêcher de prendre le premier lait. Ce lait est un remède préparé par la nature et nécessaire à tous les animaux naissants pour les purger des matières qui se sont accumulées dans leurs intestins pendant la vie fœtale.

On tient à part pendant quelques jours, pour les mieux soigner, les brebis qui viennent de mettre bas; on leur choisit le meilleur foin ; on leur donne un peu de provende et des racines pour les rafraîchir ; mais ces dernières, comme la provende, ne doivent pas être données avec excès. Ces soins, nécessaires lorsque l'agnelage a lieu pendant l'hiver, sont presque inutiles lorsque les brebis mettent bas au printemps et trouvent de l'herbe au pâturage.

Il est des brebis, surtout parmi celles qui mettent bas pour la première fois, qui repoussent leur agneau ; on doit les enfermer avec lui pendant deux ou trois jours, jusqu'à ce qu'elles s'habituent à le voir et à se laisser têter.

Dans les troupeaux bien nourris on a souvent des naissances doubles, quelquefois triples et quadruples, et les bergers mettent de l'amour-propre à présenter un nombre d'agneaux supérieur à celui des mères. Cela peut être avantageux lorsque celles-ci sont capables de les bien allaiter; mais si le lait est insuffisant à l'entretien d'une double portée, on ne doit pas hésiter à sacrifier l'un des agneaux, car un seul bien nourri vaudra mieux que deux qui l'auraient été pauvrement.

Les portées doubles sont fréquentes dans les races anglaises, dans celles du Larzac et surtout dans la race Barbarine.

Pendant le temps de l'agnelage, le berger doit redoubler de soins et d'attention; c'est pour lui le moment le plus laborieux de l'année, aucun détail ne doit échapper à sa vigilance, il surveille ses brebis au pâturage et à la bergerie, la nuit comme le jour.

En Angleterre, l'usage est de laisser les agneaux constamment avec les brebis jusqu'au sevrage; ailleurs on les sépare; ils ne sortent qu'avec le beau temps et sont conduits alors sur des pâturages réservés. Dans quelques localités on les laisse la nuit avec leurs mères; ailleurs ils en sont rapprochés seulement le matin et le soir, aux heures où ils doivent têter. A vrai dire aucun de ces usages n'a sur les autres un avantage marqué et l'on ne risque rien à se conformer aux habitudes locales.

Les agneaux, surtout dans les jours qui suivent leur naissance, doivent être tenus chaudement; on doit les préserver du mauvais temps, et surtout veiller à ce qu'ils n'aient pas à subir des pluies d'orage qui leur sont toujours funestes. La brebis doit être bien nourrie pour bien nourrir son agneau. Au lait qu'il tête s'ajoute à mesure qu'il peut manger un peu d'herbe qu'il prend au pâturage; on lui donne à la crèche un peu de foin et de préférence du regain; il en prend d'abord quelques brins, et peu à peu une plus grande quantité. On ajoute ensuite à sa nourriture du son, du grain concassé, des racines, sans le priver cependant du lait de sa mère. Lorsque l'agnelage a lieu au printemps, si l'herbe est abondante, elle supplée à tout, et vaut mieux, soit pour la brebis, soit pour l'agneau, que le foin et la provende.

Pour mener les agneaux au pâturage et les empêcher de se disperser, on place à leur tête deux ou trois brebis munies de sonnettes; ils s'habituent à les suivre et à ne pas s'en écarter.

L'époque de l'agnelage est déterminé par les convenances locales et la manière dont on spécule sur les produits du troupeau.

Lorsqu'on a en vue le produit du lait, l'agnelage vient au printemps; ailleurs, il est réglé par le moment de la vente des agneaux. Dans la plus grande partie de l'Aveyron, les agneaux naissent en décembre et janvier. Le moment de leur vente est en juin et juillet; ils sont alors assez forts pour faire d'assez longs voyages et aller parquer sur les montagnes du centre.

L'avantage du fermier est de bien nourrir ses agneaux; le fermier soigneux leur réserve des pâturages de choix. Pour l'hiver et le printemps, il sème pour eux, à la fin de l'été, un mélange de seigle et de colza, de seigle seul ou d'avoine d'hiver; au printemps, pour qu'ils l'aient en été, un champ d'avoine. J'ai toujours pour les miens une pièce en ray-grass d'Italie, fourrage très-précoce, prompt à repousser à mesure qu'il est brouté et qui est très nourrissant. Je ne sais rien de meilleur pour les avoir en bon état pour la vente.

L'agneau, pour se bien développer, doit têter au moins trois mois. Dans le Larzac, pour profiter du lait, on le sèvre à un mois; c'est beaucoup trop tôt. On sait que l'estomac des ruminants se compose de quatre compartiments. Le premier, la *panse*, reçoit les aliments que l'animal vient de prendre; ils sont de là ramenés dans le second estomac ou le *bonnet*, et puis dans la bouche pour y subir une nouvelle mastication; ils descendent ensuite dans le *feuillet* et passent enfin dans la *caillette*, où ils s'imprégnent du suc gastrique et où se fait la véritable digestion. Chez les jeunes sujets, le lait qui n'a pas besoin pour être digéré de la préparation qu'exigent les aliments des adultes, se rend directement dans la caillette; la panse se trouve alors réduite à un état rudimentaire et ne se développe qu'à mesure du besoin. Si, par un sevrage trop hâté, on force le jeune animal à se nourrir d'aliments que ses organes ne sont pas préparés à recevoir, il ne peut qu'en résulter du désordre dans son économie. De là un développement lent, incomplet, sans harmonie, dans les sujets trop tôt sevrés.

Après le sevrage, vient la vente des agneaux. Le fermier s'est efforcé de les rendre capables de paraître avec honneur au marché; mais avant de les y conduire, il choisit, pour renouveler son troupeau, les mâles les plus beaux et les plus jolies femelles.

Pour faire un bon choix de sujets destinés à donner plus tard de bons béliers, on ne doit pas tenir compte seulement de leur conformation; il faut encore avoir égard aux qualités des parents, à leur santé, à la manière dont ils se nourrissent, à la finesse et au poids de la toison, à l'abondance du lait de la mère.

De semblables préoccupations guideront le fermier dans le choix des agnelles. Il devra toujours conserver ce qu'il y aura de meilleur dans l'un et l'autre sexe, et ne pas succomber à la tentation de rapporter du marché quelques écus de plus en vendant ses plus beaux élèves.

Faut-il tondre les agneaux? C'est une question sur laquelle les praticiens sont loin d'être d'accord; sa solution dépend des lieux et des climats. Dans les contrées chaudes, il est utile à la santé des agneaux de les débarrasser de leur toison; dans les contrées froides et humides, au contraire, on doit la leur laisser pour les protéger contre les intempéries. Elle est nécessaire à ceux qui vont parquer dans les montagnes, à ceux surtout qui auront à traverser un long et rude hiver.

Le fermier, jaloux d'améliorer son troupeau, devra continuer à soigner ses antenais, comme il soignait ses agneaux. Ces jeunes bêtes ne doivent être regardées comme adultes qu'à l'âge de 18 mois ou 2 ans. Un bon régime est nécessaire pour assurer leur développement ; mais il ne doit pas cependant être exagéré au point d'amener un état de graisse, car cet état qui est pour les bêtes à laine une véritable maladie, risque de tourner à la pourriture.

La castration des agneaux mâles se fait par le moyen de la taille ou par le bistournage. Pour la taille, le meilleur temps est celui de l'allaitement : plus l'animal est jeune, moins il en souffre.

Si on châtre en bistournant, il importe que les agneaux soient déjà forts et leurs testicules assez développés pour rendre cette opération possible. Dans l'Aveyron, on l'a fait pendant l'automne, lorsque les fortes chaleurs sont passées, sur les agneaux nés l'hiver précédent.

La taille donne aux moutons une chair plus fine et leur ôte beaucoup de leur énergie vitale; elle convient aux races précoces, nourries sur des pâturages abondants et qui n'ont pas de fatigues à supporter.

Le bistournage conserve aux moutons plus de vigueur, plus de robusticité et à leur laine plus de lustre et plus de force; il convient aux troupeaux de moutons communs qui doivent vivre sur les montagnes, parcourir de vastes pâturages et rester souvent exposés au mauvais temps.

En Angleterre, on est dans l'usage de couper la queue aux agneaux peu de jours après leur naissance, il suffit pour cela d'une bonne paire de ciseaux.

L'ablation de la queue semble avoir surtout pour objet de mieux faire paraître le train de derrière et l'épaisseur des cuisses. Elle est faite ainsi dans un but de propreté et à ce titre il serait à désirer de la voir pratiquer dans les troupeaux de brebis laitières qui paissent sur des trèfles et qui rendant par suite des excréments très mous, ont souvent la queue et les cuisses horriblement sales.

## CHAPITRE VI.

### LA VIANDE ET L'ENGRAISSEMENT.

Nos races communes de moutons donnent presque toutes une chair excellente et s'engraissent bien lorsqu'elles sont parvenues au terme de leur croissance. Elles sont en rapport avec les conditions d'infériorité de notre agriculture et propres à utiliser les plus médiocres pâturages.

En vue de répondre aux besoins d'une consommation de viande, plus grande aujourd'hui qu'autrefois, on s'est beaucoup préoccupé d'introduire et d'acclimater en France les races précoces de moutons anglais. On n'a peut-être pas assez considéré comment leur tenue se lie avec la culture d'assolement, et l'abondante production de fourrage que permet le climat de l'Angleterre. Chez nos voisins même, les types perfectionnés tels que les New-Leicester et les Southdown sont loin d'avoir partout remplacé les races communes. Les Cheviots, les Faces-noires, etc., ont conservé leur raison d'être, dans les contrées montagneuses, froides et peu favorables à la tenue des races précoces plus exigeantes sous le rapport de la nourriture et du climat.

Plusieurs de ces anciennes races ont été améliorées par des croisements; mais la conduite d'améliorations semblables, qui exige beaucoup de suite, n'est pas toujours dans les goûts et les aptitudes des fermiers. Un grand nombre se borne à faire et à engraisser de simples métis.

C'est surtout la race des Faces-noires, originaire d'Ecosse et répandue aussi dans plusieurs comtés de l'Angleterre, qu'on fait servir à cet usage; on en tient des troupeaux de brebis entièrement purs et on leur donne des béliers New-Leicester. Les agneaux métis ne sont jamais conservés pour la reproduction; on remplace les vieilles brebis réformées par des jeunes de race pure. Les agneaux sont fortement nourris et tenus à un régime qui permet de les livrer au boucher à vingt ou vingt-deux mois.

Dickson nous apprend que l'opinion des fermiers qui opèrent ainsi est que le premier croisement est celui qui réussit le mieux, et qu'ils évitent avec soin les croisements répétés. Cela se comprend : ils sont plus sûrs de la qualité des métis qu'ils obtiennent, et l'ensemble de leur troupeau d'engraissement a plus d'uniformité.

La race de New-Leicester pure convient peu aujourd'hui pour la boucherie. Sa viande est trop grasse et, comme nous l'avons déjà dit, les bouchers lui reprochent de ne pas avoir de suif. Elle n'est plus guère utilisée que pour les croisements avec les races communes. A ce titre elle est l'objet d'une industrie spéciale qui consiste à élever des béliers; ceux-ci s'obtiennent communément au prix de 150 à 160 francs. Ce prix est nécessaire pour indemniser l'éleveur des soins qu'il prend pour conserver la pureté de son troupeau.

J'avoue que je désirerais voir suivre en France une semblable méthode, qui me semble devoir être pour nous le meilleur moyen d'utiliser les races anglaises.

Pour réussir dans l'engraissement des sujets des races précoces, ou pour mieux dire pour qu'ils manifestent leur précocité, le régime d'engraissement doit commencer à la naissance et durer toute leur vie. La mère est nourrie de manière à donner beaucoup de lait : après le sevrage, les agneaux sont tenus sur des champs de ray-grass. Pendant l'hiver ils ont des turneps en abondance avec un ample supplément de foin, et l'on a soin qu'ils n'aient jamais à souffrir d'une diminution de régime, capable d'occasionner dans leur développement un temps d'arrêt. Vers la fin de l'engraissement et pour les préparer à la vente, ils reçoivent en outre du grain et des tourteaux.

Le profit d'un pareil mode d'engraissement qui semble à première vue devoir être très coûteux résulte du développement rapide des animaux qu'on y soumet, du prix de revient des aliments consommés, bien plus faible dans la culture intensive de l'Angleterre que sur nos terres moins fertiles et moins fumées; il résulte encore du haut prix de la viande.

En France il serait rarement possible de tenir des moutons à un tel régime. Cependant des métis nourris dans les conditions que permet une bonne culture ordinaire seraient plus précoces, profiteraient mieux que des moutons communs. L'expérience du reste l'a démontré plusieurs fois.

L'engraisseur doit apporter tous ses soins à bien choisir les sujets dont il forme son troupeau. Quelle que soit leur race, il sait déjà qu'il doit préférer ceux dont le corps est le plus symétrique et la charpente osseuse, la moins forte; ajoutons ceux dont la peau offre à la main le plus de douceur et de souplesse.

Il doit s'assurer aussi de leur bonne santé et de leur âge. Pour des moutons communs, l'âge de 3 à 4 ans est le plus convenable. Plus jeunes, une partie de la ration sert à la croissance et non à faire de la graisse; ce qu'ils consomment n'est pas en proportion avec l'embonpoint qu'ils prennent. Plus vieux leur chair devient dure et coriace.

Les moutons auront d'autant plus de chance de bien s'engraisser, que la contrée où ils sont nés sera moins fertile que celle où doit s'opérer l'engraissement.

Cependant on évitera de prendre des animaux qui aient souffert, surtout dans leur jeunesse, car alors ils ne s'engraissent jamais bien quoiqu'on fasse; on doit donc autant qu'on peut s'assurer de leur origine et de la manière dont ils ont été tenus chez les vendeurs.

Des moutons qu'on met au régime d'engraissement doivent être déjà en bonne condition ; car rien ne coûte comme d'amener à cet état du bétail maigre.

Si l'on veut engraisser des brebis, on doit faire son choix d'après les mêmes considérations et, de plus, ne pas les prendre trop vieilles, s'assurer qu'elles ont toutes leurs dents, et que celles-ci ne sont pas prêtes à tomber.

L'engraissement du menu bétail se fait de plusieurs manières : à l'herbe, au pâturage ; à la bergerie, avec du foin, du grain, des racines, des tourteaux ; enfin par un régime mixte qui réunit les deux moyens.

L'engraissement à l'herbe est le plus simple : on y utilise celle des chaumes, le regain des prés, les prairies artificielles et certains pâturages gras où l'on ne pourrait pas, sans imprudence, placer un troupeau de brebis portières.

Les moutons à l'engrais doivent être conduits doucement et tenus tranquilles au pâturage. Ils réussissent d'autant mieux qu'on les laisse tout le jour dans le même enclos sans vaguer d'une pièce à l'autre. Cependant si l'on fait un engrais sur une prairie artificielle ou un fort regain, il peut y avoir avantage pour la bonne économie du pâturage à ne les y conduire, comme on fait dans le Larzac pour les brebis laitières, qu'à certaines heures déterminées, en les tenant, le reste du temps, sur une terre voisine.

Parmi les prairies artificielles, on doit placer en première ligne, à cause des qualités qu'il donne à la viande, le mélange de ray-grass et de trèfle blanc ; viennent ensuite le sainfoin et la luzerne. On reproche au trèfle rouge de donner à la graisse une mauvaise couleur.

Nulle viande n'égale pour le goût celle de moutons de petite taille engraissés sur de bonnes pâtures naturelles, en pays calcaire, où ils trouvent toute sorte de plantes aromatiques, et en particulier du thym et du serpolet ; ils y arrivent rarement à un haut point de graisse, mais la bonté de leur chair et le peu qu'ils coûtent sont une compensation suffisante. En Angleterre, une telle viande est payée au prix de la venaison ; en France, on ne sait pas l'estimer ce qu'elle vaut.

Le fermier doit user de précautions lorsqu'il fait passer des moutons du régime ordinaire au régime d'engraissement ; il doit augmenter leur nourriture progressivement et éviter une transition trop brusque, presque toujours funeste au menu bétail ; ceci est important à observer surtout lorsque l'on amène des animaux d'un mauvais pays dans une contrée fertile.

On croyait, au temps d'Olivier de Serre, que la rosée faisait la graisse, et l'on avait par conséquent remarqué qu'elle favorise l'engraissement. Nous ne conseillerons d'avoir recours à ce moyen, surtout en automne, qu'autant qu'on sera sûr d'une prompte vente, car dans cette saison le pâturage à la rosée d'une herbe succulente occasionnent promptement la cachexie. Cette maladie, lorsqu'elle est contractée par des bêtes à l'engrais, se développe avec une extrême rapidité et arrive bientôt à son terme. Le plus sûr est de prendre toutes les précautions nécessaires pour l'éviter. Les Anglais regardent le sel comme un préservatif. Nous verrons plus tard combien cette opinion est peu fondée. L'emploi des feuilles de saule, une promenade dans un taillis de chênes, où les moutons brouteraient les feuilles astringentes de cet arbre, une ration de foin donnée à la crèche avant la sortie de la bergerie, une dose de 2 grammes de sous-carbonate de fer donnée de temps en temps, sont des préservatifs plus certains.

Lorsqu'on engraisse à la bergerie avec du foin, du grain ou du tourteau, aliments d'un prix plus élevé que l'herbe, il importe de presser l'engraissement et de faire manger aux moutons tout ce qu'ils peuvent consommer; il est bon, pour exciter leur appétit, de varier leur nourriture : les racines et divers résidus sont utiles à ce point de vue. Lorsque la pulpe ou les racines forment la base de l'engraissement, comme ces substances ne peuvent être données seules et qu'il faut encore de foin ou de grain, en assez forte quantité, l'engraissement peut devenir fort coûteux si les aliments secs ne sont pas combinés avec les premiers dans une proportion convenable ; mais, dans le cas où le rapport de ces aliments de nature diverse est bien calculé, l'engraissement est, au contraire, rapide. Dombasle donnait à des moutons à l'engrais, par jour et par tête, 1 kil. de foin, 500 gr. de tourteau de lin, 500 gr. d'orge concassé ; ces moutons avaient, en outre, des résidus de distillerie à discrétion. L'engraissement était complet après six semaines : deux mois au plus de ce régime, les 2 kilogrammes de nourriture sèche suffisaient pour empêcher les moutons de se charger l'estomac d'une trop grande quantité de résidus, et par leurs propriétés alibiles concouraient pour la plus forte part à faire la graisse.

Nul animal n'arrive aussi promptement que le mouton à un état complet de graisse, pourvu qu'il soit convenablement nourri et tenu tranquillement et proprement.

L'engraissement de pouture est celui qui se fait l'hiver au foin et au grain ; mais dans les contrées où l'agriculture est en progrès une partie des aliments secs est remplacée par une ration de racines.

Un moyen puissant d'accélérer l'engraissement de pouture est d'arroser le foin avec de l'eau salée. Une assez faible quantité de sel suffit pour cela. J'ai pu faire un bel engrais par ce moyen, une année où je n'avais que des foins mal rentrés à cause des pluies.

Il est encore plus essentiel avec l'engraissement de pouture qu'avec tout autre méthode de ne le commencer que sur des sujets en bon état, car le bétail qui est maigre au commencement de l'hiver est toujours lent à se remettre.

L'engraissement mixte se fait de plusieurs manières : tantôt les moutons tenus sur des herbages reçoivent en même temps à la bergerie un supplément de nourriture sèche.

D'autres fois, l'engraissement commencé à l'herbe, se termine à la bergerie, avec du foin, du grain, du tourteau, des racines.

Quel que soit le mode adopté, il importe que le régime soit réglé et maintenu sans interruption ; on peut l'augmenter, mais il ne doit jamais être intermittent et encore moins diminué.

Les divers modes d'engraissement sont en rapport avec les saisons et les époques des ventes.

L'engraissement à l'herbe donne les moutons qui sont tués depuis la fin de mai jusqu'au milieu de l'automne : ceux qui sont vendus à la fin de cette saison et au commencement de l'hiver sont commencés à l'herbe et finis à la bergerie. L'engraissement de pouture produit les moutons tués du milieu à la fin de l'hiver et au commencement du printemps ; leur prix est d'autant plus élevé qu'il y a moins de bêtes grasses à cette époque.

Pour compléter ce chapitre, disons quelques mots de l'engraissement des agneaux, tel qu'il se fait en Angleterre, où les agneaux gras sont payés à des prix très élevés par les amateurs de bonne chère.

Les brebis de la race de Dorset sont les plus propres à ce genre de spéculation. On les fait saillir en avril par des béliers Southdown ; elles mettent bas à la fin de septembre.

Les agneaux sont placés dans un local qui doit être sain et chaud ; ils sont classés selon leur âge dans divers compartiments ; on leur donne beaucoup de litière qu'on renouvelle souvent. On tient à leur portée un morceau de craie qu'ils puissent lécher, pour les préserver de la diarrhée, maladie à laquelle les expose le régime qu'on leur fait suivre.

Les brebis sont tenues pendant le jour sur des enclos voisins, bien abrités, où elles reçoivent, outre le pâturage, de fortes rations de foin, de turneps, de grain, etc. On varie souvent leur nourriture pour exciter leur appétit et augmenter leur lait. Les fermiers sont persuadés que tout agneau qui n'en aurait pas toujours en abondance et dont la ration serait diminuée, ne fût-ce qu'à un seul repas, est perdu pour la vente ; aussi s'assurent-ils par de fréquentes visites, de l'état du pis des brebis.

Le soir, celles qui ont des agneaux sont conduites auprès d'eux ; elles y restent jusqu'au matin, où on les ramène au pâturage.

Deux heures après leur départ, celles dont l'agneau a été vendu sont amenées aux agneaux les plus forts auxquels le lait de leur mère ne suffit plus ; elles y restent jusqu'à ce que leurs mamelles soient épuisées, on les ramène alors au pâturage sur un enclos où elles sont séparées des autres.

A midi, les vrais mères viennent faire aux agneaux une visite d'une heure ; à quatre heures, on ramène les brebis supplémentaires auprès des agneaux forts.

Les agneaux ne reçoivent pas d'autres aliments que le lait qu'ils ont toujours en abondance ; après deux mois de ce régime, ils valent de 2 à 3 livres sterling, d'après ce que nous apprend Milburn.

## CHAPITRE VII.

### LA LAINE.

Les animaux de l'espèce qui nous occupe ont sur leur corps deux sortes de poils ; les uns soyeux et courts, s'étendent sur la tête, sur les jambes, sur le pis et souvent sous le ventre ; plus allongés et ayant presque l'apparence du crin, ils se mêlent à la laine qu'ils déprécient, ils sont alors désignés sous le nom de *jarre* ou *jar*.

L'autre sorte est la laine ; elle diffère du poil soyeux par sa structure. Celui-ci, vu au microscope, se présente comme un corps continu tubuleux : la laine paraît composée d'un nombre plus ou moins grand de petits cônes emboîtés les uns dans les autres, leurs bords évasés produisent une surface écailleuse et font paraître le profil des brins dentelés.

La laine, comme le poil soyeux, a pour origine une sorte de bulbe implanté dans le derme et qui en sécrète la matière. A ce point de vue, les poils sont regardés par les naturalistes comme analogues à la corne et aux ongles considérés eux-mêmes comme formés de poils rapprochés à leur naissance et entièrement unis dans leur longueur.

Mais cette analogie est plus évidente pour la laine que pour le poil soyeux.

Plusieurs races de moutons ont des cornes qui sont marquées par des stries transversales. Dans la laine, le brin est plus ou moins ondulé : dans une mèche formée d'un grand nombre de brins, les ondulations de ceux-ci se correspondent et leur nombre est en raison de la finesse du brin ; elles sont plus rapprochées dans les races à laine fine ; plus laches, plus éloignées dans celles à laine grossière. La même chose se voit sur les cornes, quant aux stries ; elles sont plus nombreuses et plus serrées chez le Mérinos que chez les races communes.

Un autre caractère vient encore resserrer l'analogie qui existe entre la laine et la corne. La laine ne subit point la mue qu'éprouvent les poils ordinaires ; sur le mouton qui n'est pas soumis à la tonte, elle ne cesse pas de croître ; on en a vu porter une toison de plusieurs années, qui n'avait pas cessé de s'allonger.

On a comparé mal à propos la laine au duvet qu'ont, sur leur peau, mêlé au poil soyeux, les animaux du nord. Cette opinion semble erronée si l'on considère que la race dont la toison est la plus serrée et paraîtrait la plus propre à garantir du froid les animaux qu'elle couvre, la race Mérinos, appartient au midi de l'Europe et à l'Afrique.

La laine est imprégnée et pénétrée d'une matière onctueuse, connue sous le nom de *suint*, de nature sébacée et qui n'est pas la sueur ; sa couleur est variable, il est tantôt rose, tantôt jaune ou brun plus ou moins foncé ; il est plus ou moins abondant selon la qualité de la toison. Les laines grossières en ont moins que les laines fines ; sur la toison du Mérinos, il devient concret à l'air et forme quelquefois une sorte d'enduit noirâtre à la surface.

Le suint est composé de deux substances : l'une, qui est le suint proprement dit, est de nature grasse et oléagineuse, elle s'enlève par le seul effet du lavage à l'eau froide. La seconde, le *surge*, est plus résineuse et exige, pour se dissoudre, l'emploi des alcalis.

La qualité de la laine varie selon les races. On la divise, dans le commerce et dans l'agriculture, en deux groupes principaux : celui des *laines courtes* ou *laines de carde*, employées à la fabrication des draps feutrés, et celui des *laines longues* ou *laines de peigne*, propres à faire des étoffes lisses et légères.

On distingue encore dans ces groupes un grand nombre de variétés caractérisées par leur degré de finesse. Parmi les laines courtes, on place au premier rang les laines de Mérinos, dont les plus précieuses sont, en France, celle de Naz, en Allemagne, celles de Saxe et de Silésie ; en Espagne, celles de Ségovie et de Léon. Viennent ensuite d'autres sortes, moins fines, moins douces, mais très-belles encore et généralement douées de plus de force et d'élasticité.

Au-dessous de ces laines de finesse supérieure, on trouve encore avant de descendre à la plèbe des laines métisses de divers degrés, dues au croisement du Mérinos avec les races communes, et celles de plusieurs races anciennes conservées dans leur pureté, telles que les Southdown, les Cheviots, en Angleterre, et en France, les races de Roussillon, de Provence, du Berry et celle du Larzac.

Il convient de mentionner en premier lieu, parmi les laines longues, celle des races de Manchamp et Dishley-Manchamp-Mérinos, dont la finesse égale presque celle du duvet de cachemire.

Les principaux types anglais de laines longues sont ceux de Lincoln et de Romney, célèbres par la beauté de leur lustre ; les Cotswold et les New-Leicester ; en France, il existe plusieurs races dont la laine est estimée pour le peigne, on peut citer celles de la Champagne, de la Picardie, des plaines d'Arles, du Soissonnais, etc.

Il est plusieurs points à considérer dans l'étude de la laine ; nous allons nous occuper des principaux :

La finesse. Elle tient à la race ; elle est toujours en rapport avec la finesse de la peau ; celle-ci étant relative à la taille et au volume de l'animal, il en résulte que dans une race donnée, les sujets de petite taille ont une toison plus fine que ceux de grande taille. Ce sont, en effet, les Mérinos de Naz, et en Allemagne ceux de la sous-race électorale, qui donnent les laines les plus fines ; le diamètre du brin y descend à 1/70 de millimètre, tandis que dans des sous-races plus fortes, néanmoins réputées fines, il est de 1/20.

La longueur. Elle est apparente ou réelle. La longueur apparente est celle qu'offre la mèche formée de la réunion d'un grand nombre de brins, considérée telle qu'elle est dans la toison sans tenir compte des ondulations. La longueur réelle est celle qu'offre le brin étendu, étiré sans effort jusqu'au point où les ondulations sont à peine perceptibles; la différence entre la longueur apparente et la longueur réelle est d'autant plus grande que le brin est plus ondulé; elle est presque nulle dans les laines de peigne.

La force ou le nerf. C'est la résistance que la laine offre à la traction ou à toute autre cause de rupture. La force est le résultat de la bonne santé, de la bonne constitution de l'animal; on peut presque ajouter, de la noblesse de la race; elle est plus grande relativement au diamètre du brin dans les laines fines que dans les communes.

L'élasticité. C'est en vertu de cette propriété qu'une poignée de laine pressée dans la main revient à son état primitif d'une manière plus ou moins prompte et plus ou moins complète après que la pression a cessé; elle dérive de la force.

Le moelleux est en quelque sorte l'opposé de l'élasticité, une touffe de laine moelleuse garde, un certain temps, l'empreinte de la pression qu'on lui fait subir. On peut en juger en appuyant avec le doigt sur le dos d'un mouton chargé de sa toison. Celle-ci conserve la marque de la pression plus ou moins longtemps, selon le degré de moelleux dont elle est douée.

Le moelleux n'exclut pas la force et ces deux qualités se trouvent réunies à divers degrés dans les laines fines. Selon que l'une des deux domine, elles servent à caractériser les principales sortes. En Allemagne, on appelle *laines fortes* les laines negretti, *laines moelleuses* les laines électorales. La force domine dans les laines fines françaises.

**Le brillant** est ce lustre particulier à la laine qui caractérise les tissus qui en sont fabriqués ; il est mat et uni dans les laines perfectionnées, vitreux au contraire et inégal dans les laines communes.

**L'égalité de croissance.** Le brin doit avoir un diamètre égal dans toute sa longueur ; les espaces amincis trahissent un mauvais régime ; ils rendent la laine cassante.

**La couleur.** On voit des moutons noirs, bruns ou gris ; ces couleurs ne sont pas seulement propres aux races communes ; on les voit aussi quelquefois sur les Mérinos d'Espagne ; mais le plus souvent la toison est blanche avec des nuances variables avant le lavage. Celles-ci résultent de la couleur du suint, de l'âge, de la couleur du terrain où les troupeaux paissent. Le blanc mat est la nuance qui entraîne le moins de déchet ; un jaune vif charge peu et disparaît entièrement au lavage ; il n'en est pas de même des teintes rougeâtres dues à l'oxide de fer qui se trouve dans le sol où les troupeaux ont parqué ; de celles qui paraissent d'un blanc vitreux, ni des teintes verdâtres dues à un suint très résineux : le lavage les enlève difficilement.

Si l'on examine l'intérieur d'une toison, on voit les brins rassemblés en groupes plus ou moins épais et serrés. Ces groupes sont désignés sous le nom de *mèche*.

Tous les brins dont une mèche se compose doivent être parallèles les uns aux autres, également serrés, et leurs ondulations doivent se correspondre comme s'ils ne formaient qu'un seul corps. L'absence de parallélisme annonce une toison mal nourrie ou de qualité commune.

La mèche est plus serrée, plus régulière dans les Mérinos que dans les autres races. Les brins commencent à se grouper dès la naissance de l'agneau ; sa peau est couverte de petits flocons qui lui donnent une apparence grenue ; on retrouve ce caractère chez les métis et chez quelques races qui, bien que n'étant pas classées parmi celles à laine fine, donnent des laines estimées. Dans les races communes, le pelage de l'agneau paraît le plus souvent uni, bien qu'avec quelque attention on puisse voir les brins commencer à se grouper. Il est des races où l'agneau porte en naissant un pelage bouclé ; tel est l'agneau d'Aitracan, et en France celui du Béarn.

Dans les belles laines de carde, les mèches sont petites, d'un diamètre égal de la base au sommet ; celui-ci est arrondi, émoussé, ce qui annonce que la mèche est formée de brins d'égale longueur. La valeur de la toison est d'autant plus grande que la mèche est plus tassée, c'est-à-dire qu'elle contient à égalité d'épaisseur un plus grand nombre de brins. Leur nombre peut varier dans le rapport de un à huit depuis les laines les plus communes jusqu'aux plus fines, dans un épaisseur donnée.

Dans les laines de peigne, la mèche n'a pas le sommet obtus des laines de carde ; elle est allongée, pointue et formée de brins inégaux avec peu ou point d'ondulations ; elle est moins tassée et par suite la toison est plus ouverte.

Plusieurs défauts peuvent altérer les qualités de la laine. Dans les troupeaux qui parquent sur des champs labourés, l'extrémité des mèches est dépourvue de suint, ce qui la rend sèche et cassante et détruit les ondulations; ce défaut déprécie les laines fines.

On appelle *laine vrillée* celle où les ondulations, au lieu d'être sur le même plan, forment une spirale ; *laine tordue*, celles où elles sont trop fortement prononcées. Ces défauts se remarquent surtout dans les toisons peu tassées; ils rendent la laine cassante et difficile à carder.

La *laine brouillée* est celle où les ondulations étant peu marquées, la mèche se forme mal et où les brins sont entremêlés.

La *laine jarreuse* est celle qui contient du poil jarreux. Ce poil résiste au feutrage et ne prend pas la teinture ; ç'a été de tout temps une des préoccupations des éleveurs de Mérinos que de faire disparaître le jar de leurs laines.

La qualité de la laine varie selon les régions du corps de l'animal ; la plus belle est celle du dos et des parties voisines.

On range dans la seconde qualité celle des côtés, des cuisses et de la gorge.

La tête, les jambes, le ventre, les fesses, la queue donnent la laine de troisième qualité.

Une bonne laine de carde ne doit pas être trop longue ; sa valeur est surtout en raison de sa finesse. Elle doit en outre être brillante, résistante, moelleuse et ne pas manquer d'élasticité ; sa croissance doit être régulière, sa mèche bien tassée, formée de brins égaux en longueur, à ondulations nombreuses, rapprochées, bien régulières.

Dans la laine de peigne, les ondulations sont, comme nous l'avons déjà dit, peu sensibles et la mèche moins fermée que dans la laine de carde. Tout en recherchant le tassé, qui est toujours le signe d'un bon produit, on estime surtout la longueur, la force et le brillant. Dans la laine de Mauchamp, on veut en outre la finesse et le moelleux.

Laine de peigne ou laine de carde, une toison doit être homogène, c'est-à-dire formée de laine de même nature sur tout le corps de l'animal. On voit des sujets, issus de croisements mal conduits, porter sur certaines parties du corps une laine différente des autres; de la laine commune, par exemple, sur les cuisses, de la laine fine sur le dos : c'est un défaut très grave.

Le régime et la manière dont les troupeaux sont tenus ont beaucoup d'influence sur la laine.

Le régime des races de boucherie développe leur corps, augmente l'épaisseur de la peau ; la toison devient plus grossière en même temps que le brin s'allonge. En Angleterre, on se plaint aujourd'hui d'une altération dans la qualité des laines courtes ; elle n'a pas d'autre cause que l'usage d'augmenter la nourriture pour rendre les anciennes races plus précoces. Ces laines se rapprochent de plus en plus des laines de peigne par suite de l'identité de régime.

Dans les troupeaux nourris sur des pâturages secs, couverts d'herbes courtes et substantielles, la laine conserve la finesse en même temps qu'elle reste courte; elle devient longue et grossière dans les pays marécageux.

Les éleveurs anglais attribuent en partie à l'usage des tourteaux oléagineux le lustre qui distingue la laine des races de Lincoln et de Romney.

La laine des troupeaux qu'on fait parquer est plus nerveuse, mais en même temps moins fine et moins douce que celle des troupeaux tenus à la bergerie. La nécessité de tenir longtemps les troupeaux renfermés est pour beaucoup dans la finesse des laines de Silésie.

Tout changement de régime, tout malaise, tant soit peu durable, se trahit par une diminution, non-seulement dans la croissance, mais aussi dans l'épaisseur du brin et par suite dans sa force. L'espace qui, dans la longueur du brin, correspond à une période de souffrance est plus mince que ceux qui le précèdent ou le suivent; le brin est alors cassant. Il ne faut pas chercher d'autres raisons pour expliquer la chute spontanée de la laine, au printemps, chez les brebis qui ont souffert pendant la mauvaise saison.

L'âge influe aussi sur la production de la laine : elle diminue chez les brebis qui ont passé trois ans; cela ne s'observe pas au même degré chez les moutons châtrés.

Relativement à l'état de l'industrie rurale, on peut dire que la production des longues laines correspond à la culture intensive accompagnée d'une grande production de fourrage, et qu'elle est le signe d'un haut progrès, pendant que celle des laines courtes de première finesse est favorisée par le maintien de l'assolement triennal et le respect de la routine.

Par suite de l'abolition des droits protecteurs, le prix de la laine n'est plus ce qu'il était autrefois. Les marchés d'Europe sont inondés de laines fines qui viennent d'Amérique et surtout d'Australie, où elles coûtent peu à produire. Leur bas prix abaisse celui des laines de nos Mérinos à un niveau peu élevé au-dessus du prix des laines communes. Par contre, la production des laines longues est insuffisante ; elles sont, par conséquent, plus recherchées et relativement mieux payées : ajoutons que les toisons de cette sorte sont plus lourdes. Le cultivateur a donc tout avantage à élever des races à longue laine toutes les fois que sa situation le lui permet.

Avec la culture améliorée, la production de la viande est l'objet principal de la tenue des troupeaux, et la laine est considérée seulement comme un produit accessoire. Nulle part, avec une culture riche en fourrages, on ne pense plus à tenir des troupeaux seulement pour leur laine, pour aussi fine qu'elle soit, et là où l'on ne renonce pas à tenir des bêtes à laine fine, on se préoccupe d'améliorer leur conformation pour en faire autant que possible de bons animaux de boucherie. Cette tendance est conseillée par une bonne économie.

Dans les races de boucherie, la mère bien nourrie nourrit bien son agneau. Dans la race Mérinos, les brebis sont ordinairement mauvaises nourrices; il faut exciter la sécrétion du lait par une alimentation substantielle; de là le reproche qu'on leur fait de dévorer beaucoup de grain. Il leur est nécessaire à un autre point de vue, qui est de prévenir l'épuisement pendant l'allaitement et par suite la détérioration de la laine. L'agneau aussi requiert une ration de grain, car à cette race nerveuse, il faut une alimentation bien plus condensée qu'aux races plus lymphatiques disposées à l'engraissement; le prix de la laine n'est plus capable de payer les frais d'un tel régime.

La *tonte* est l'opération par laquelle la bête à laine est dépouillée de sa toison. Elle se fait selon les habitudes locales, au moyen de forces ou de ciseaux de diverses formes. Tantôt le tondeur place sur une table basse les bêtes qu'il tond en leur attachant les jambes. D'autres fois, il les tond posées par terre en changeant leur position selon la partie du corps où il travaille. Les méthodes usitées dans chaque localité sont toujours les meilleures, parce qu'elles sont rendues faciles par l'habitude; il importe peu de chercher à les changer. Tout ce qu'on doit désirer, c'est que la laine soit coupée aussi ras que possible, et que, par maladresse, on ne fasse pas d'entailles sur le corps des patients.

La tonte a toujours lieu pendant la belle saison. On la fait quelques fois dès le commencement du printemps sur des moutons qu'on engraisse; on la retarde, au contraire, jusque vers le milieu de juillet sur les brebis laitières. L'époque la plus générale est aux environs de la St-Jean.

Pour tondre, on doit choisir un beau jour; les troupeaux récemment tondus souffrent d'être exposés à la pluie.

Après la tonte de chaque sujet, la toison est laissée entière et ployée soigneusement. Le meilleur mode de pliage consiste à étendre la toison sur une table, l'extérieur en dessous; on la double en trois dans le sens de la longueur, on la roule ensuite en forme de manchon, en procédant de la queue à la tête, et on l'assujettit avec un lien; on a eu soin préalablement de la nettoyer du crottin et des autres impuretés qu'elle peut porter; on place dans l'intérieur les flocons qui s'en sont détachés.

On agit quelquefois plus simplement. Le tondeur, après avoir lâché l'animal qu'il vient de dépouiller et sans déplacer la toison, enlève le crottin et ramasse les flocons détachés qu'il place sur la toison; il ramène en tous sens les bords de celle-ci vers le milieu et pelotonne le tout tant bien que mal. Les toisons ainsi ployées sans nul lien sont posées en tas le dos en dessus.

Il est des contrées où l'on est dans l'usage de laver les bêtes à laine avant la tonte; c'est ce qu'on appelle *laver à dos*. Ce lavage enlève le suint, mais non le surge. On le pratique principalement dans les troupeaux de laines fines ou métisses.

Pour les laver, on plonge les moutons dans un bassin ou mieux dans une eau courante. Rien pour cela n'est plus commode qu'un ruisseau retenu par un barrage, de manière à obtenir une profondeur d'eau suffisante pour y plonger complètement les moutons; il est utile que les bords du ruisseau soient couverts de gazon. D'un côté sont les bêtes qui n'ont pas encore été lavées, de l'autre celles qui sortent du bain. Il faut, pour opérer sans perte de temps, trois hommes, outre le berger; celui-ci amène l'une après l'autre chaque bête au premier ouvrier qui, se tenant dans l'eau, près du bord, les plonge et les fait passer au second, placé au milieu du courant; celui-ci les frotte avec les mains fortement et à plusieurs reprises, après quoi il les fait passer au troisième qui les aide à sortir.

Le lavage doit se faire par un beau temps, cinq ou six jours avant la tonte. Le troupeau doit trouver à la bergerie une litière sèche, ou ne parquer que sur un sol gazonné.

On doit éviter le pâturage sur des terres poudreuses qui saliraient la laine.

Dans le nord de l'Ecosse, où les troupeaux vivent en plein air, exposés à toutes les rigueurs de l'hiver des Highlands, il est d'usage d'oindre le corps des bêtes à laine. On se sert pour cela d'un mélange de goudron et de beurre; la laine en contracte une souillure dont il est difficile de la débarrasser. Cet usage est inconnu en France et n'aurait nulle part d'utilité.

## CHAPITRE VIII.

### LE LAIT ET LA FROMAGERIE.

Le pis de la brebis a seulement deux glandes mammaires et deux mamelons, en quoi il diffère de celui de la vache qui en a quatre.

Il ne peut entrer dans le plan de cet ouvrage de donner la description anatomique de l'appareil lactifère ; disons seulement que chez les ruminants il semble organisé en vue d'une très grande production.

Le lait est un aliment complet que la nature prépare pour les petits des mammifères, incapables au moment de leur naissance de prendre une autre nourriture; l'homme a trouvé bon de se l'approprier et d'en faire une de ses principales ressources.

La production du lait est rarement l'objet principal de la tenue des troupeaux ; il est cependant plusieurs contrées où l'on en tire un revenu considérable.

Dans quelques parties de l'Irlande, les paysans ont tous des brebis pour le lait qui sert à leur nourriture.

Dans le pays de Galle, on sèvre les agneaux de bonne heure, afin de traire les brebis de l'ancienne race de cette contrée, très-petite, à laine courte et grossière, à tête fine et portée sur un cou de gazelle, aux cornes arquées et rejettées en arrière comme celles des chèvres, à la queue longue et touffue ; mais, selon Martin, cet usage se perd.

Dans la Frize orientale, on mêle le lait de brebis au lait de vaches pour en faire des fromages d'un goût piquant, recherchés pour la consommation locale.

Dans la Silésie et la Moravie on fait, avec le lait des brebis de race commune, un fromage connu sous le nom de Brinsen-Kaese ; il en est de même dans les Carpathes, dans la Hongrie et dans la Transylvanie, où le lait, suivant Weckherlin, donne un profit égal à celui de la laine ; d'où il résulte que le revenu laissé par les brebis indigènes peut surpasser celui des brebis à laine fine. Nous avons déjà mentionné, chapitre II, la race de Transylvanie.

Le lait de brebis est plus riche en caséum, en matière grasse et en sucre que celui de vache ; mais sa richesse varie avec la nourriture. Elle est plus grande lorsque les brebis paissent sur des pâtures naturelles que lorsqu'elles sont nourries sur des prairies artificielles dont l'herbe est plus aqueuse.

Les pâtures sèches peuplées de plantes aromatiques donnent un lait relativement peu abondant, mais le fromage qu'on en fait est de la meilleure qualité. Le lait produit par un herbage aigre donne le fromage le plus médiocre.

Le fromage de brebis a plus de saveur que celui de vaches, le lait de brebis est cependant moins agréable au goût ; il est rare qu'il ne conserve pas une odeur de suint, intolérable avec les jours de pluie, et qui alors se communique au beurre et au fromage.

Lorsqu'il est fait avec soin et avec le beau temps, le beurre de brebis est fin et délicat, mais il n'a jamais la fermeté de beurre de vache ; il est peu susceptible de conservation.

Nulle part les troupeaux ne reçoivent des soins aussi bien dirigés en vue de la production du lait, que dans la contrée dont le village de Roquefort est le centre. Nous avons fait connaître la race du Larzac élevée dans cette contrée comme race laitière.

Le développement qu'a pris depuis plusieurs années dans le Larzac et dans les environs la fabrication du fromage, est un des faits les plus curieux de l'industrie rurale.

Vers 1760, époque où Marcorelles publia son mémoire sur les caves de Roquefort, le rendement moyen en fromage était de 6 kilogrammes par brebis ; à cette époque les prairies artificielles étaient inconnues dans la contrée.

Vers 1830, le rendement s'élevait, dans les vallées et les bas plateaux du Larzac, à 8 ou 9 kilogrammes ; les prairies artificielles étaient alors généralement cultivées. On avait commencé à se préoccuper de choisir les reproducteurs au point de vue des qualités laitières.

De nos jours, la moyenne du produit est de 12 kilogrammes sur le plateau du Larzac à 750 ou 800 mètres d'altitude. Dans les vallées où le climat est plus doux, la végétation plus précoce et l'herbage meilleur, elle atteint 16 kilogrammes par tête.

Le nombre des brebis laitières nourries aux environs de Roquefort était de 50 mille au temps de Marcorelle ; il est de 200 mille aujourd'hui. De 290 mille kilogrammes, la production du fromage est montée à 2 millions ou 2 millions et demi selon les années.

Les fermiers ont trouvé dans le prix élevé du fromage et dans la certitude d'un débouché toujours ouvert un vif stimulant pour améliorer leur culture ; les prairies artificielles couvrent le pays ; beaucoup de terrains incultes ont été défrichés et la production ne cesse pas de s'accroître.

Il est indispensable pour avoir beaucoup de lait de bien nourrir les brebis, non-seulement pendant la saison où on les trait, mais encore en tout temps, et de leur donner des aliments de choix, surtout pendant la gestation ; c'est l'hiver que le lait se fait, disent les bergers du Larzac. La bonne santé de la brebis dispose ses glandes mammaires à cette turgescence qui précède le part et rend ces organes d'autant plus propres à remplir leurs fonctions qu'elle a été plus énergique.

Selon les lieux et la précocité de la végétation, on fait naître les agneaux depuis le milieu de janvier jusqu'au commencement d'avril. On garde les plus beaux, qu'on sèvre à un mois; les autres sont livrés au boucher âgés de trois semaines et vendus de 3 à 4 fr.

Outre les prés artificiels qu'ils fauchent pour la provision d'hiver, les fermiers ont des champs d trèfle, de lupuline (1), des vieux sainfoins ou des fenasses pour faire paître leurs brebis pendant la saison du lait. Nous avons dit, chapitre III, les soins qu'on prend pour ménager ces pâturages.

En sortant le matin de la bergerie, ce qui n'a lieu qu'assez tard et lorsqu'il n'y a plus de rosée, le troupeau est d'abord mené sur des friches ou sur des chaumes, et lorsqu'il a commencé d'y apaiser sa faim, on le conduit sur les prairies artificielles; lorsqu'on juge que les brebis y ont assez mangé, on les ramène sur les pâtures ordinaires.

Vers quatre heures de l'après-midi, les brebis vont prendre un nouveau repas sur la prairie artificielle, après quoi on les ramène à la bergerie ou dans une cour, où on les laisse se reposer et se rafraîchir avant de commencer de traire.

Il est important que dans les divers parcours qu'il fait dans la journée, le troupeau marche avec lenteur et soit très doucement mené. On évite avec soin qu'il se fatigue; aussi regarde-t-on comme une circonstance heureuse la proximité des pâturages. Dans les fermes d'une grande étendue, les plus éloignés sont livrés aux agneaux et souvent même à des moutons.

Observons qu'on ne fait pas parquer les brebis laitières; l'expérience a démontré que la fraîcheur des nuits était défavorable à la production du lait. Une température élevée est, au contraire, favorable et l'on voit des troupeaux tenus dans des étables basses, mal aérées et qui semblent trop chaudes, n'en pas éprouver d'inconvénient.

(1) Quelques fermiers ont observé que les plantes donnaient moins de lait aux brebis pendant la floraison : cette remarque leur a fait abandonner la lupuline à cause de sa floraison continuelle.

Les mois de mai et de juin sont ceux où le lait est le plus abondant. Il diminue après la tonte qu'on retarde à cause de cela le plus qu'on peut; on cesse de traire dans le mois de septembre. La quantité de fromage varie selon les années; elle est abondante lorsqu'une douce température favorise la végétation, moindre lorsque le printemps est froid et humide.

Pour traire, on est obligé d'avoir dans les fermes un personnel nombreux, plus en rapport avec l'importance du troupeau qu'avec l'étendue des cultures : non-seulement les bergers, mais les valets de labour et les servantes y sont employés. Il faut sept personnes pour traire deux fois par jour un troupeau de 200 brebis; elles sont divisées en deux groupes de trois, placés chacun d'un côté de la porte de la bergerie, un berger reste à l'intérieur pour faire avancer les brebis et régler leur sortie ; les gens employés à traire sont assis chacun sur une sellette assez basse pour n'avoir pas besoin de prendre une position forcée. Ils ont devant eux, posé par terre, un bassin en tôle étamé appelé *seille*, à fond plat, à bords perdendiculaires, plus large que haut, dans lequel tombe le lait à mesure qu'il est tiré.

Chaque brebis passe entre les mains de trois valets : le premier fait sortir du pis tout le lait qu'il peut en pressant et en tirant doucement le mamelon, après quoi il passe la brebis au valet qui vient après lui; celui-ci frappe fortement avec le revers de la main deux ou trois coups sur le pis, c'est ce qu'on appelle *soubattre*. Il trait ensuite jusqu'à ce que les mamelles paraissent épuisées; le troisième valet prend alors la brebis, soubat à son tour et exprime le reste de lait que le pis contient encore.

Le soubattement a pour but de faire venir plus de lait; il est usité de temps immémorial; on ne fait en cela qu'imiter l'agneau lui-même qui, en tétant frappe avec la tête le pis de sa mère, lorsque le lait cesse de répondre à la succion. Ses inconvénients sont qu'étant souvent fait par des gens brutaux, il occasionne des maladies. Le fermier doit veiller à ce qu'on ne frappe pas avec excès ses pauvres bêtes.

Après qu'on a fini de traire, le lait est porté à la ferme. La fermière enlève d'abord avec une écumoire les impuretés qui surnagent, et après l'avoir laissé reposer trois quarts d'heure, elle le verse dans un chaudron, en le coulant sur un linge.

On chauffe le lait de la traite du soir; cette opération, inusitée autrefois, a pour but de débarrasser le lait d'un excès d'eau qu'il n'avait pas lorsque les brebis paissaient seulement sur des pâtures naturelles; aussi chauffe-t-on plus ou moins, selon la qualité plus ou moins aqueuse des herbages. Dans certaines fermes, on retire le lait de dessus le feu au moment où l'ébullition commence, tandis que dans d'autres on le laisse bouillir 12 ou 15 minutes. On chauffe, en outre, plus fortement pendant les jours de pluie et de brouillard, où les troupeaux paissent des herbes mouillées, qu'avec le beau temps. La chauffe du lait est, du reste, considérée comme un mal nécessaire et comme nuisible à la qualité du fromage; certains fermiers, jaloux de la bonne qualité de leur produit, résistent à l'adoption de cet usage et croient pouvoir s'en dispenser en nourrissant leurs brebis sur des champs de luzerne ou de sainfoin, fourrages plus substantiels que le trèfle et la lupuline.

Le lait chauffé est réparti dans des plats profonds à ouverture évasée pour laisser monter la crème dont on enlève une partie pour faire du beurre. On écrème seulement le lait du soir; on doit le faire avec modération. S'il est vrai de dire que le fromage trop chargé de crème se conserve peu, celui où il n'en reste pas une quantité suffisante n'offre qu'une pâte sèche, sans adhérence et sans saveur.

Après la traite du matin, on mêle le lait avec celui du soir. Ce dernier est remis dans un chaudron et légèrement chauffé pour porter sa température au degré de celui qu'on vient de traire. On agite quelques instants avec une baguette pour bien opérer le mélange, après quoi on met la présure et on laisse reposer.

On fait la présure avec des caillettes d'agneau ou de

chevreau (1) que les bouchers préparent en introduisant dans l'intérieur une pincée de sel et en les laissant sécher à l'air. On met infuser une caillette entière pendant quatre ou cinq jours dans un litre environ d'eau ou de petit lait. On prépare ordinairement assez de présure pour quinze jours, mais pendant les chaleurs on doit la renouveler plus souvent ou y ajouter tous les quatre jours un peu d'eau salée pour l'empêcher de fermenter, ce qui donnerait un goût aigre au fromage.

Il faut une cueillerée de présure pour 30 kilogrammes de lait, mais il n'y a pas pour cela de règle bien fixe et la quantité varie un peu selon les localités et la nature de l'herbage ; l'expérience seule sert de guide.

Lorsque le lait est pris, on rompt le caillé en l'agitant en tout sens avec une écumoire; on enlève avec une bassine le petit lait qu'on peut atteindre, on presse ensuite la masse du caillé avec une passoire profonde ou des moules à fromage qui sont percés de trous; on continue à ôter le petit lait qui pénètre par les trous dans la passoire ou dans les moules jusqu'à ce que la pression n'en fasse plus sortir. Cette opération se fait avec une certaine lenteur, qui laisse à la masse le temps de s'affaisser et de rendre le petit-lait.

Lorsqu'il n'en sort plus, on saupoudre le caillé avec une petite quantité de pain moisi pulvérisé ; on le pétrit et on le brasse avec les mains de manière à ce que la poudre de pain moisi soit également répartie dans la masse. Cette poudre n'est pas autre chose que la semence de la moisissure qui se développe dans le fromage et ajoute à sa qualité. On remplit ensuite les moules avec cette pâte en la pressant fortement.

Les moules dont on se sert sont faits de terre vernissée ; ils sont de forme cylindrique avec un fond plat qui est, ainsi que leur paroi percé de trous ; leur hauteur est d'environ trois cinquièmes de leur largeur ; leur grandeur

(1) *Présou*, dans l'idiôme local.

varie ; les plus communs rendent un fromage de 2 kilogrammes à 2 kilogrammes et demi.

Les industriels qui exploitent les caves de Roquefort attachent une grande importance à la qualité du pain moisi ; ils le font eux-mêmes et le distribuent aux fermiers dont ils achètent les fromages. Ils emploient par égale part du froment, de l'orge d'hiver et de l'orge de printemps : ils mettent un levain très-fort et en très-grande quantité, 1 hectolitre pour 23 de pâte, dans laquelle on ajoute 1 litre de vinaigre ; on pétrit longtemps et fortement de manière à ce que la pâte soit dure ; le pain doit être très-cuit. Lorsqu'il est retiré du four, on le dépose dans un lieu dont la température doit être plutôt chaude que froide ; on place les miches de champ, isolées les unes des autres. Lorsque la moisissure a gagné toute la mie, on la broie dans un moulin pour la réduire en poudre, après avoir ôté la croûte, on la tamise ensuite.

Lorsque les moules sont pleins, on les dépose dans une sorte de huche appelée *tremel,* au fond de laquelle sont des rainures destinées à recevoir et à écouler le petit-lait qui s'échappe encore des moules. Les fromages sont retournés deux fois par jour et chaque fois les moules sont lavés avec soin. Ils restent dans le tremel jusqu'à ce qu'il ne sorte plus de petit-lait, c'est-à-dire de deux à trois jours, après quoi on les retire des moules et on les porte au séchoir.

Pour favoriser la sortie du petit-lait, on élève la température du trémel au moyen de vases remplis d'eau bouillante qu'on renouvelle plusieurs fois par jour.

Le séchoir doit être frais et sec, exposé au nord et percé d'ouvertures suffisantes pour permettre la circulation de l'air ; ses fenêtres sont munies de chassis de toile métallique pour empêcher l'entrée des mouches ; son pourtour est garni de tablettes couvertes de linges propres sur lesquelles on dépose les fromages à mesure qu'ils sortent du trémel. On les retourne le soir et le matin ; ils restent dans le séchoir jusqu'à ce qu'on les juge prêts pour la cave : ordinairement deux ou trois jours.

Nous avons suivi la fabrication du fromage de Roquefort jusqu'au moment où ce produit, sortant des mains du fermier, passe du domaine de l'agriculture dans celui de l'industrie ; nous décrirons, dans un appendice, les manipulations qu'il subit dans les caves avant d'être livré au consommateur.

Après qu'on a séparé le caillé du petit-lait, il reste encore dans celui-ci des matières qui ont échappé à l'action de la présure ; c'est un mélange de parties caséeuses, bitureuses et sucrées ; il s'agit de les recueillir avant d'abandonner le petit-lait à la porcherie. Pour cela, on place sur le feu la chaudière qui contient le petit-lait, en évitant de laisser la chaleur monter jusqu'à l'ébullition ; à mesure qu'il s'échauffe, on voit s'élever une écume blanche qu'on enlève et qui ne sert que pour les porcs. On verse ensuite dans la chaudière du lait à raison de 2 litres environ par hectolitre de petit-lait ; on continue à maintenir la chaleur et bientôt on voit monter à la surface des grumeaux qu'on enlève avec l'écumoire, lorsqu'ils forment une couche de 5 à 6 centimètres d'épaisseur ; on dépose la matière ainsi recueillie dans des écuelles à fond rond contenant 200 grammes environ. C'est ce qu'on appelle des *recuites ;* elles ne diffèrent pas du *bruccio* ou fromage de Corse, ni de ce qu'on connaît sous le nom de *ricotto*, dans la haute Italie et dans une partie de la Suisse. C'est un aliment léger et sain, mais qui ne se conserve pas ; la plus grande partie est consommée par les ouvriers ruraux ; le reste est vendu dans les villes voisines où les personnes aisées ne le dédaignent pas.

## CHAPITRE IX.

### DE L'AMÉLIORATION DES RACES DE BÊTES A LAINE.

On peut choisir entre deux méthodes : celle de l'amélioration de la race par elle-même et celle du croisement.

La première est plus lente, mais plus sûre ; les races améliorées par elles-mêmes, ont plus de solidité et plus de fixité que les sous-races obtenues par voie de croisements. En suivant cette méthode, l'éleveur agit sur des sujets acclimatés et n'a pas à redouter les chances toujours incertaines de l'introduction de sujets étrangers dans un milieu nouveau pour eux. Si, par ses soins, la race locale se transforme, elle n'en reste pas moins en relation avec le sol et le climat, et l'amélioration obtenue n'est que le développement des qualités qu'elle devait à ses conditions d'existence.

Disons d'abord que rien ne serait moins raisonnable que de dépenser son temps et son intelligence à l'amélioration d'une race absolument mauvaise. On en voit qui, à force d'avoir été négligées, sont tombées au dernier point de la dégradation. Ce qu'on a de mieux à faire lorsqu'on possède une telle race, c'est de l'abandonner tout à fait et d'en prendre une autre.

La marche à suivre pour améliorer une race par elle-même se résume en quelques règles peu nombreuses.

Définir nettement le but qu'on se propose ; n'opérer que sur une race méritante ; choisir ce qu'elle offre de meilleur et écarter avec soin du troupeau tout sujet débile ; continuer avec intelligence la sélection ; améliorer le régime d'une manière constante.

Dans toute ferme où le troupeau reçoit des soins convenables, on le voit éprouver une amélioration assez lente, mais cependant continue. Il est vrai de dire que nos bêtes à laine, comme tout l'autre bétail, valent mieux en général aujourd'hui qu'il y a vingt ans ; mais les fermiers se préoccupent peu d'agir avec méthode. Ils choisissent bien, en somme, les meilleures agnelles et quelques bons agneaux pour remplacer les bêtes de réforme ; mais ils n'apportent pas dans ce choix une attention scrupuleuse, seule capable de leur faire apercevoir chez certains sujets les qualités supérieures qui doivent le faire préférer pour la reproduction. C'est cette attention à bien choisir sans rien laisser au hasard qui constitue la *sélection ;* son effet certain, en éloignant tous les sujets défectueux pour n'employer que les meilleurs à la reproduction, est de faire prédominer les qualités qui distinguent les races et leurs meilleures aptitudes.

La sélection doit se faire au point de vue du type dont l'éleveur poursuit la réalisation. S'il entreprend de développer dans sa race l'aptitude à l'engraissement, il choisit pour reproducteurs les sujets dont l'ossature est la plus fine, la côte la mieux arrondie, le corps le plus cylindrique et le plus allongé, la poitrine la plus ample, les membres les mieux d'aplomb et les plus courts, la peau la plus fine. S'il opère en vue de la laine, il donne la préférence aux jeunes sujets dont la toison s'annonce comme devant être la plus homogène, la mieux étendue sur tout le corps, la plus fine et la mieux fournie. Si son but est d'accroître dans sa race les facultés laitières, il réserve les agneaux issus des mères qui ont le plus de lait.

Quelle que soit l'aptitude dont le développement préoccupe l'éleveur, il ne néglige pas dans sa sélection les autres points qui font la valeur d'une bête à laine, car ils ne sont pas exclusifs les uns des autres; seulement, pour ne pas aller au hasard, il donne la prédominance à l'un d'entre eux et leur subordonne les autres, sans cependant les dédaigner.

D'ordinaire la sélection se fait à deux reprises : peu de temps après la naissance des agneaux pour choisir les plus distingués ; plus tard, au moment de leur permettre de se reproduire, pour écarter ceux qui ont mal réussi et n'ont pas tenu ce qu'ils faisaient espérer.

La sélection serait bornée dans ses effets si les qualités des jeunes sujets n'étaient pas développées par un régime convenable. Nous avons dit, en traitant de l'élevage, que les agneaux devaient têter au moins trois mois; il faut ce temps pour que leurs organes digestifs acquièrent leur développement normal. Dans le régime que les éleveurs anglais donnent aux reproducteurs de leurs races d'élite, non-seulement l'agneau tète le temps nécessaire, mais encore au-delà, car il n'est sevré qu'au moment où l'on se dispose à préparer la brebis à recevoir le bélier. La brebis est nourrie de manière à avoir beaucoup de lait; une fois l'agneau sevré, il reçoit une nourriture de choix toujours abondante. En outre, on s'efforce d'éviter aux élèves toute fatigue, de leur assurer la tranquillité et le repos, et de les préserver de tout excès de température.

A ce régime perfectionné qui constitue le haut élevage *(High-Breeding)*, lès éleveurs anglais attribuent la propriété de développer non-seulement la symétrie du corps, mais encore la précocité qui distingue leurs races de boucherie. Il a encore pour effet de fixer les caractères des races et de rendre les mâles plus capables de les reproduire dans leur intégrité. Selon eux, un reproducteur *race* d'autant mieux, c'est-à-dire, a d'autant plus de puissance pour communiquer sa ressemblance à ses descendants, que ses ascendants ont été eux-mêmes soumis depuis un plus grand nombre de générations au haut élevage. On sait, du reste, que chez les Anglais la production des mâles reproducteurs est une industrie qui a son sang spécial dans leur agriculture.

Les éleveurs anglais qui entreprirent les premiers de perfectionner les races domestiques, ont dû commencer par se procurer par l'action combinée de la sélection et d'un fort régime, des reproducteurs de choix capables d'imprimer de suite un vigoureux progrès ; là, sans doute, est le premier des secrets si bien cachés de leur méthode.

Je n'hésite pas à conseiller de suivre cet exemple à tout éleveur qui voudra tenter parmi nous l'amélioration d'une race commune. Après un petit nombre de générations, ses béliers, issus de parents dont la conformation et les aptitudes auront été développées et fixées par le régime, agiront absolument comme des sujets de race noble. Sans doute il ne serait pas possible d'aller partout aussi loin que les Anglais ; mais en suivant leurs principes dans la mesure conseillée par les circonstances locales, on sera sûr d'obtenir de bons résultats.

Bien que toutes les races communes puissent être améliorées par d'habiles éleveurs, toutes les contrées ne sont pas également favorables. Par exemple, un climat excessif et variable peut causer de grands obstacles, en rendant la production du sol incertaine et en obligeant par suite à de fréquents changements dans le régime du troupeau, en l'exposant à des alternatives de disette et d'abondance. Dans ce cas, un cultivateur prudent, quel que soit son amour pour le progrès, devra se contenter de maintenir la race qu'il possède dans la meilleure condition possible, mais il ne songera pas à apporter dans sa manière de vivre et dans ses aptitudes des changements incompatibles avec sa situation. Il ne faut pas oublier que les Anglais ont obtenu leurs belles races dans des contrées où le climat est peu sujet à varier, tandis que leurs races de pays de montagnes, les Cheviots, les Black-faced des Higlands d'Ecosse, sont au fond restées ce qu'elles étaient autrefois.

En observant les animaux qui vivent sur les diverses formations géologiques, on voit leurs caractères varier, surtout en ce qui concerne la charpente osseuse, selon qu'on peut supposer le sol plus ou moins riche en sels de phosphore. Sur certains calcaires, où l'on peut penser que les phosphates existent en très forte proportion, l'ossature est grossière et décousue ; sur le terrain basaltique où ils semblent être en proportion moyenne, il y a généralement de l'harmonie dans la forme du corps ; les membres sont grêles, au contraire, chez les animaux qui vivent sur les terrains talqueux, les plus pauvres en sels de phosphore. Cette influence du sol se fait remarquer jusque dans l'espèce humaine ; elle doit être prise en sérieuse considération par l'éleveur, comme étant de nature à faciliter les améliorations qu'il médite ou à les entraver. Il est cependant vrai de dire que la culture, par les engrais qu'elle emploie et par les amendements, modifie souvent d'une manière avantageuse ce qu'on pourrait appeler les propriétés plastiques du sol. J'ai souvent pensé que le degré de perfection atteint par les races anglaises n'étaient pas sans relations avec l'emploi que nos voisins font de la poudre d'os comme engrais.

L'amélioration d'une race par elle-même oblige de faire des unions entre sujets de parenté rapprochée. L'influence de la consanguinité est beaucoup controversée : les uns l'accusent d'amener la dégénérescence des races ; d'autres nient qu'elle ait des résultats nuisibles. L'expérience démontre que son influence est à redouter seulement lorsque les reproducteurs joignent à une parenté rapprochée une constitution mauvaise, et qu'ils n'ont pas un régime convenable. Quoiqu'il en soit, dans un troupeau un peu nombreux, il est aisé d'éviter jusqu'à un certain point la consanguinité en ayant plusieurs béliers et en formant plusieurs familles dans lesquelles on prend alternativement les reproducteurs. Dans les bergeries où la race est en voie d'amélioration, soit par elle-même, soit par croisement, l'éleveur est ordinairement forcé de prendre ses béliers dans son troupeau même, par l'impossibilité où il est d'en trouver ailleurs de semblables ; on ne voit pas qu'il en résulte d'inconvénients. On sait que Bakewell, une fois son type réalisé, n'employa plus que ses propres béliers, à l'exclusion de tous les autres.

On peut faire à plusieurs points de vue des croisements

entre sujets de races différentes. En parlant des races de boucherie, nous avons dit qu'elle était l'utilité des simples métis élevés seulement pour l'engraissement.

On peut croiser des béliers de race noble avec des brebis communes, dans le but de substituer la race des premiers à celle des secondes ; on continue alors le croisement jusqu'au moment où le sang commun ne se trouve plus dans les extraits qu'à dose infinitésimale dont la pratique n'a plus à tenir compte. C'est ainsi qu'ont été formés la plupart des troupeaux de Mérinos, sans excepter les plus fins. Dickson nous apprend que beaucoup de New-Leicester, réputés purs de sang, ont pour origine une ancienne race appelée Border's-Mugs, croisée et recroisée avec celle de Bakewell.

Il est d'autant moins difficile de mener une telle entreprise à bonne fin, que la race noble employée au croisement s'éloigne moins de la race commune par ses caractères et ses conditions d'existence. On obtiendra plus aisément un bon troupeau de bêtes à laine fine en donnant le bélier Mérinos à des brebis à laine courte et tassée qu'avec des brebis à laine longue et grossière ; il en est de même pour les races de boucherie. Les Border's-Mugs, dont nous avons parlé plus haut, étaient des moutons à longue laine, bas sur jambes et faciles à engraisser ; il y avait peu à faire pour les fondre dans les New-Leicester, où se trouvaient ces caractères avec la perfection de plus. Mais avant de commencer ces croisements, l'éleveur doit avoir pris ses précautions pour que les métis trouvent dans le milieu qui les appelle un régime sinon identique, du moins équivalent à celui que la race paternelle avait dans son pays d'origine. C'est en vain qu'il espèrera voir les mères communiquer aux extraits leur aptitude à vivre dans les conditions ordinaires que la localité leur offre ; chaque nouvelle infusion de sang étranger tendra à diminuer ces aptitudes et à rendre plus impérieux le besoin d'un régime analogue à celui qui a servi à former la race étrangère.

Il importe de ne prendre que des béliers bien purs de sang. Si on les choisit dans une sous-race, il faut qu'elle ait acquis une incontestable fixité.

La création d'une sous-race par voie de croisement peut avoir pour objet de réaliser un type intermédiaire entre deux races différentes : une telle œuvre exige toujours de la part de l'éleveur qui l'entreprend, plus d'attention et de sagacité que les deux méthodes dont nous venons de parler. Dans l'une et dans l'autre, l'éleveur est à peu près certain d'atteindre son but par la seule force des choses : une bonne hygiène, un bon régime, un bon choix de reproducteurs suffisent ; il n'y a qu'à marcher résolument en avant. Il n'en est pas de même lorsqu'il s'agit de maintenir une sous-race obtenue par croisement, dans un état moyen entre les deux types qui ont servi à la former et de lui donner de la fixité, c'est-à-dire la faculté de se reproduire avec une constance égale à celle d'une race pure.

Dans tout croisement, les premiers extraits sont en général satisfaisants ; ils donnent bien le type intermédiaire qu'on a en vue, et souvent même ils le dépassent dans le sens de la race noble. Si les brebis dont se compose le troupeau sont bien pareilles, les agneaux le sont aussi, mais il n'en est plus de même à sa seconde génération. On voit alors une partie des agneaux se rapprocher de la race maternelle, tandis que d'autres tiennent plus du bélier.

L'éleveur peut être tenté de renforcer son croisement par une nouvelle infusion de sang noble ; mais il risque alors d'outrepasser son but. Il agira plus prudemment en éliminant tous les sujets qui lui paraîtront avoir reculé vers la race maternelle. En continuant ainsi pendant plusieurs générations, il maintiendra son nouveau type au point voulu, par la sélection et l'influence d'un régime approprié aux aptitudes qu'il recherche.

Les systèmes divers suivis par Malingié et par Rodat pour la réalisation des deux types de la Charmoise et d'Olemps doivent être rappelés comme capables d'éclairer les éleveurs dans la création de nouvelles sous-races.

Malingié donna le bélier New-Kent à des brebis de sang mêlé dont il avait dirigé la naissance en vue de détruire chez elle toute force d'atavisme ; celui de la race noble agit alors sans contradiction. Quelques économistes ont blâmé sa méthode, le succès a suffisamment prouvé qu'elle était bonne.

Au moment où Rodat se décida à croiser la race Aveyronnaise avec le bélier New-Kent, il était depuis longtemps préoccupé d'améliorer cette race sous le rapport de la symétrie du corps et du poids de la toison. Déjà son troupeau se faisait remarquer par des membres plus courts, un corps plus étoffé, une meilleure symétrie que le commun de la race locale ; il prenait mieux la graisse, sa toison était mieux fournie. Il n'y avait pas à redouter que l'atavisme du bélier New-Kent fût combattu par celui de la race indigène ; le croisement eut seulement pour effet d'accélérer le progrès dans le sens même où il était commencé, aussi le succès fut-il rapide et complet.

Il n'y a pas, à vrai dire, de règles fixes capables de guider l'éleveur qui entreprend de faire une sous-race au moyen de croisements. Il doit se diriger d'après les circonstances et les lumières qu'il tire de l'observation des faits ; il doit surtout préparer à l'avance le succès de son œuvre par tous les moyens capables de la faire réussir.

Les éléments principaux de succès sont : une connaissance parfaite de la race noble qui doit servir au croisement, sous le rapport de ses analogies avec la race commune qu'on désire améliorer ; la possession d'un troupeau de brebis bien préparées pour le croisement et dans de telles conditions que, loin de contrarier l'atavisme de la race croisante, elle lui laisse le champ libre, afin qu'elle puisse communiquer aux extraits ses caractères et ses aptitudes dans la mesure voulue ; enfin, des ressources alimentaires, capables de maintenir le régime dans un état constant en rapport avec les besoins de la nouvelle sous-race.

C'est faute d'avoir eu cette prévoyance qu'on voit si peu de sous-races réellement méritantes. Il arrive souvent que la presse agricole annonce des croisements nouveaux. Selon leurs auteurs, ils ont réussi au-delà de toute espérance, et parmi les qualités dont on leur fait honneur, on ne manque jamais de faire ressortir celle de s'entretenir à merveille sur les médiocres pâturages où vit la race locale. Mais cette aptitude apparente, dont on leur fait un mérite, suffit pour nous révéler la cause d'un insuccès trop fréquent. On n'a pas pourvu aux besoins d'un régime amélioré faute duquel les extraits de la seconde génération reviennent à la race maternelle, vers laquelle ils sont sollicités par l'influence du milieu.

Si maintenant on nous demande à laquelle des méthodes d'amélioration que nous venons d'exposer on doit donner la préférence, nous répondrons : la formation d'une sous-race dépend surtout de l'habileté de celui qui l'entreprend, et bien peu nous semblent capables d'une œuvre aussi délicate. Tout en en reconnaissant l'utilité, nous n'oserons donner à personne le conseil de l'entreprendre. Les Anglais comprennent si bien ce qu'une telle entreprise offre d'incertitude et de difficultés, qu'ils font peu de sous-races.

L'expérience a démontré que les Mérinos pouvaient aisément se substituer aux races communes, par voie de croisement continu, partout où se trouvent des conditions favorables à la tenue des troupeaux à laine fine. C'est au cultivateur à voir s'il peut trouver du profit dans ce genre d'industrie. Mais aux économistes qui, objectant que l'amélioration de nos races indigènes par elles-mêmes, au point de vue de la boucherie, demande trop de temps, conseillent d'adopter celles que nous trouvons chez nos voisins, je répondrai qu'ils auront raison seulement le jour où ils nous auront donné le climat de l'Angleterre et sa culture. Jusque-là, sans méconnaître les vrais succès obtenus en France par quelques éleveurs distingués dans la tenue des races anglaises, je préférerai l'amélioration des races par elles-mêmes, comme étant plus à la portée de tous.

Cette dernière méthode offre toujours cet avantage, que les races améliorées par elles-mêmes sont forcément tenues dans un état de relation avec la fertilité du sol et le climat. Pour si attentif que soit l'éleveur dans la sélection des reproducteurs, la race ne sera jamais que ce que la fera le régime. La race que l'on améliorera par sélection, si celle-ci est bien dirigée, gagnera promptement sous le rapport de l'ampleur et de la symétrie des formes, du poids et de la qualité de la laine, de l'abondance du lait, par un régime riche et abondant; son amélioration sera plus lente avec un régime moyen. Enfin en se bornant dans les contrées les plus défavorables, à la simple élimination des sujets tout à fait mauvais, la race restera dans les conditions d'une bonne race commune, mais estimable cependant à l'égal de toute autre, car elle sera la meilleure possible en raison des lieux où elle vit.

## CHAPITRE X.

### DE L'HYGIÈNE ET DES PRINCIPALES MALADIES DES TROUPEAUX.

Il nous reste peu à dire sur l'hygiène du menu bétail; nous en avons touché les divers points en parlant de la nourriture des troupeaux et de leur conduite au pâturage, du logement et de l'élevage. Rappelons cependant qu'il est nécessaire que le régime des bêtes à laine soit plutôt tonique que débilitant. C'est dans des pays de montagne presque toujours secs et arides que vivent les congénères de nos moutons domestiques, et bien que l'espèce soit partout multipliée et semble devenue apte à prospérer dans les stations les plus diverses, là où l'herbage n'a pas un tissu suffisamment condensé, le tempérament du mouton est affecté d'une manière funeste. Les chances de pertes sont toujours pour l'éleveur d'autant plus grandes que le milieu où vivent les troupeaux s'éloigne, dans ses conditions physiques, des régions que la nature semble avoir destinées à cette espèce. Nous verrons plus bas combien de pertes le régime artificiel, que la culture anglaise donne aux troupeaux, en occasionne tous les ans.

Dans les contrées du midi, où un ciel ardent élève la température, le menu bétail est affecté d'une autre manière. Il est alors exposé à des maladies inflammatoires, auxquelles on le soustrait par la transhumance. Elle consiste à déplacer les troupeaux avec les saisons. L'hiver, ils demeurent dans les plaines, l'été ils sont conduits sur les montagnes, où l'air vif et sec, l'herbage moins riche en plantes aromatiques, lui offrent un régime plus tempéré que ne serait en cette saison celui qu'il trouverait sur des plaines brûlantes. Telle est la vie des Mérinos en Espagne et des troupeaux de la Provence et du Languedoc.

Le sel est avec raison regardé comme un condiment nécessaire au menu bétail, et presque partout on lui en fait de temps à autre une distribution. Mais par la manière dont il est la plupart du temps administré, il est rare qu'on obtienne les effets qu'on en espère. Rodat a depuis longtemps observé qu'on en donnait trop rarement et trop à la fois. Dans la plus grande partie de l'Aveyron, on le donne à la dose d'une forte poignée pour 10 bêtes de moyenne taille, mêlé avec des baies de genièvre, de l'avoine et souvent de la suie, à plusieurs semaines d'intervalle. Le sel, qui est très-excitant au lieu d'être salutaire, occasionne alors une crise violente que les sujets bien portants sont seuls capables de supporter impunément. Chez les faibles, les symptômes cachés des maladies et en particulier de la pourriture, ne tardent pas à se manifester. A ce point de vue, il sert d'épreuve au berger pour s'assurer de la santé du troupeau.

Cette manière de donner le sel demande les plus grandes précautions : un berger prudent n'en donne pas avec les grandes chaleurs, ni pendant le grand froid; il en diminue la dose pendant le printemps. Une forte dose ne produit pas d'effets fâcheux sur de très-forts sujets; mais sur les autres elle occasionne un malaise et une soif ardente qui les tourmente et les porte à courir à tous les abreuvoirs pour se gorger d'eau. Souvent aussi elle a pour résultat des spasmes et des convulsions.

Dans le Larzac, les brebis laitières reçoivent des rations de sel plus régulières et plus fréquentes; elles en ont une fois par semaine et quelquefois plus souvent : il en résulte d'excellents effets.

Le mieux serait d'adopter partout la méthode anglaise,

qui consiste à placer des blocs de sel gemme dans les pâturages ou sous les hangars où s'abritent les troupeaux ; les animaux les lèchent quand ils veulent, et, guidés par leur instinct, ils prennent seulement ce qu'il leur faut. On pourrait remplacer le sel gemme quand on ne peut pas en avoir par des sachets remplis de sel ordinaire placés dans les bergeries.

Quelques économistes, se basant sur des expériences incomplètes, ont nié l'utilité du sel. On a mis en comparaison des sujets à l'engrais, dont les uns recevaient du sel pendant que les autres en étaient privés ; on comprend que si les uns et les autres étaient bien portants et recevaient une nourriture également bonne, les deux lots se soient également bien engraissés ; mais s'ils avaient eu pour nourriture seulement du mauvais foin, on eût vu certainement une notable différence en faveur de ceux qui avaient du sel.

En temps d'épidémie, le fermier doit s'efforcer d'isoler son troupeau et de ne pas le laisser communiquer avec ceux des voisins ; il évitera le plus possible de le faire passer dans les chemins publics fréquentés par d'autres troupeaux ; il éloignera de la ferme les collecteurs de peaux de bêtes mortes et les chiffonniers qui, dans leur sordide marchandise, charrient souvent des miasmes empestés ; il devra, ainsi que ses gens, éviter d'aller dans les foires et autres lieux où se trouve réuni un nombreux bétail. Si l'épidémie se montre pendant l'été, il donnera au troupeau par précaution des boissons rafraîchissantes, soit celle qu'Yvart composait avec 90 grammes d'acide sulfurique pour huit seaux d'eau, soit celle que conseillait Roche-Lubin, 1 kilogramme de sel de Glauber, dissous dans 150 litres d'eau.

Nous allons passer en revue les principales maladies dont les bêtes à laine peuvent être affectées, en insistant surtout sur les moyens préservatifs, et bien que nous indiquions dans la plupart des cas le traitement, nous engageons le fermier à recourir aux soins d'un vétérinaire toutes les fois que la maladie a de la gravité.

Aphtes. Les agneaux sont sujets à avoir des aphtes pendant qu'ils têtent ou lors du sevrage. La bouche et surtout les gencives se couvrent de petits ulcères qui fréquemment s'étendent sur la langue et quelquefois jusqu'à l'œsophage et la trachée-artère. On en voit aussi sur les paupières, sur les mamelles et entre les sabots; il n'est pas rare alors que ceux-ci se détachent.

Cette affection paraît occasionnée par un lait échauffé et une légère altération de sang. Elle cède souvent à l'usage de boissons rafraîchissantes dont on peut seconder l'effet en lavant la bouche des sujets atteints avec de l'eau acidulée. On peut aussi mouiller les aphtes avec un pinceau trempé dans une dissolution astringente d'alun.

On donne avec avantage aux agneaux qui ont des aphtes un mélange de sel, de vinaigre et d'oignons coupés en tranches minces. On leur en met dans la bouche, qu'on tient fermée pour qu'ils ne puissent pas le rejeter, la valeur d'une cueillerée; les agneaux le mâchent assez longtemps, et il agit d'abord localement avant de pénétrer dans l'estomac.

Les aphtes du pied se pansent avec l'onguent égyptiac. Si la corne se détache, il faut la rogner comme pour le piétin. Si l'ongle est entièrement détaché, on a à redouter que l'agneau ne reste estropié; le mieux alors est de le sacrifier avant qu'il ne maigrisse.

Charbon. Cette maladie terrible est contagieuse et ordinairement épizootique.

L'animal atteint est abattu, sa marche est incertaine, sa rumination est lente, ses dents craquent; il a de violentes contractions de cœur, sa peau est brûlante et il s'y montre des tumeurs d'abord rouges et livides et qui noircissent bientôt.

Le plus souvent l'invasion est rapide et chez les jeunes sujets la maladie parcourt tous ses symptômes en moins d'une heure.

Cette maladie paraît due à une alternation du sang, sa fluidité augmente, sa teinte devient brunâtre, il perd la faculté de se coaguler, sa décomposition est rapide.

Le charbon n'est pas une maladie dont le traitement soit à la portée du fermier ; ce n'est pas trop du savoir du plus habile vétérinaire pour en triompher, et encore n'obtiendra-t-il souvent que de rares succès.

Le *Mémorial thérapeutique du vétérinaire praticien* fait connaître une potion employée en Bourgogne par un empirique avec laquelle, selon les auteurs de cet ouvrage, on obtient un grand nombre de guérisons ; ils conseillent de l'essayer. En voici la formule :

Ammoniaque liquide....... 500 grammes.
Aloés succotrin............ 9 —

pour saturer.

Dissoudre l'aloés dans l'ammoniaque en l'agitant.

Il est bien difficile de déterminer les causes du charbon et d'indiquer par conséquent les moyens de le prévenir : c'est en vain qu'on accuse l'insalubrité des étables, car il est des fermes où il se montre fréquemment, aux étables desquelles il n'y a rien à reprocher, tandis qu'il est rare dans d'autres où les logements du bétail laissent beaucoup à désirer. On l'a attribué à la mauvaise qualité des eaux ; mais il se montre en hiver comme en été lorsque les eaux sont abondantes et souvent renouvelées ; on ne peut pas non plus l'attribuer à la mauvaise qualité des fourrages, aux foins vasés, moisis, mal rentrés, car on le voit régner avec le meilleur régime.

Les causes en sont tout à fait mystérieuses ; mais du moment qu'on pense qu'il résulte d'une altération du sang, peut-être peut-on espérer de trouver un préservatif dans l'emploi des fébrifuges. Dans les temps d'épizootie charbonneuse, il serait bon de donner de temps en temps au troupeau du sous-carbonate de fer à la dose de 2 grammes par tête, en saupoudrant pour le lui faire prendre quelques tranches de racines ou de pain. On peut donner aussi, en la mêlant avec le sel, de la poudre de gentiane ; il sera bon de donner en même temps des boissons acidulées.

Si la cause du charbon est celle que lui attribue Raspail, la piqûre d'un insecte dont le dard a trempé dans un corps empoisonné, il n'y aura rien à attendre des préservatifs que nous indiquons.

Quoi qu'il en soit, les cadavres des animaux morts du charbon, comme de ceux qui meurent de toute autre maladie, doivent être enterrés profondément et la fosse couverte de grosses pierres et de fagots d'épines pour empêcher les animaux carnassiers de les déterrer. On doit faire le sacrifice de la peau.

Coryza, catarrhe, bronchite. Ces affections consistent dans une inflammation de la membrane muqueuse des voies respiratoires qui peut s'étendre des cavités nasales jusqu'aux bronches et quelquefois jusqu'aux poumons. Les sujets atteints jettent des mucosités par les naseaux ; ils éternuent fréquemment et toussent si le mal a de l'intensité. En même temps, le port est triste et dans certains cas tout le corps semble pris de courbature.

Ces maladies ont pour cause ordinaire le passage subit du chaud au froid.

Lorsqu'il s'agit d'un simple coryza contracté par des sujets tenus dans une bergerie dont la température est élevée et qui ont été exposés en sortant aux influences d'un air frais et humide, le mal disparaît bientôt, si l'on soustrait le troupeau aux causes qui l'ont occasionné. S'il persistait, il suffirait de quelques injections d'eau de goudron dans les narines.

Les agneaux sont plus sujets au coryza que les sujets adultes. Pour les uns comme pour les autres, le meilleur préservatif est le parc.

La bronchite est souvent produite par une pluie d'orage qui survient au moment où le troupeau est en sueur; elle peut être aussi occasionnée par un pâturage d'herbes fraîches et humides, sur lequel on laisse entrer le troupeau brûlant de chaleur. Négligée lorsqu'elle est due à cette dernière cause, elle tourne en pourriture.

Le traitement de la bronchite accompagnée ou non de courbature consiste à tenir chaudement les animaux atteints et à leur faire une fois par jour des fumigations aromatiques avec des baies de genièvre. Il importe de les traiter au début du mal, et mieux si l'on peut, avant qu'il ne se déclare, au moment où l'on s'aperçoit qu'ils ont été exposés à l'une des causes qui peuvent lui donner naissance : ceci est surtout important pour les agneaux qui viennent d'être mouillés par une pluie d'orage. On donnera aux malades de la provende à laquelle on ajoutera un peu de sel et de fleur de soufre.

Lorsque la bronchite est négligée et qu'elle frappe des sujets débiles et malingres, il survient des vers dans les bronches ; ce sont des helminthes filiformes du genre *strongle* : on les voit quelquefois dans les mucosités rejetées après les accès de toux. On doit alors exposer les malades à des fumigations d'huile empyreumatique jusqu'à ce qu'on les voie tousser. La vapeur étourdit et la toux expulse les helminthes. On continue l'usage de la provende soufrée à laquelle on peut ajouter un peu de suie.

Clavelée ou claveau. Cette maladie est une des plus graves parmi celles qui affectent les troupeaux ; elle est épidémique et essentiellement contagieuse ; elle est dite *bénigne* ou *maligne* selon que les pustules qui en sont le caractère sont isolées ou confluentes.

Les symptômes qui annoncent l'éruption des boutons sont : la tristesse, la perte de l'appétit, la faiblesse du corps, la fièvre, l'accélération du pouls, la chaleur de la peau ; le temps que l'animal passe dans cet état est appelé *période d'incubation*.

Au bout de peu de jours, on voit paraître, autour de la bouche et sur les parties du corps dépourvues de laine, des taches rouges avec un point blanc au centre, et en même temps l'animal a des frissons et une soif ardente ; ses yeux sont enflammés, sa respiration pénible, sa bouche brûlante. Vers le douzième ou le treizième jour, la dessication des boutons commence ; peu à peu l'état général s'améliore, l'appétit revient, la guérison a lieu vers le vingtième jour.

La clavelée maligne diffère de la première par l'exagération des symptômes : la maladie marche avec moins de régularité ; les pustules, au lieu d'être isolées, forment une croûte qui s'étend sur diverses parties du corps et souvent sur le corps entier.

Sous l'une et l'autre forme, il n'y a aucun traitement à opposer à la maladie. Tout doit se borner à des soins hygiéniques ; tenir les bêtes malades proprement, dans un lieu dont la température soit modérée, leur donner de bons aliments, éviter ceux qui sont échauffants, faire tiédir l'eau qu'on leur donne à boire; à la convalescence, améliorer le régime et donner de la provende aux sujets qui ont le plus souffert et qui ont besoin d'être soutenus.

Pendant la durée du mal, le troupeau doit être souvent visité par le vétérinaire qui indiquera, selon les cas, les modifications qu'il est nécessaire d'apporter au régime. Il ordonnera des excitants pour faciliter l'éruption si elle est trop lente ; si la fièvre est trop intense, il prescrira une diète tempérante.

Dès que le claveau se montre dans une bergerie, le fermier ne doit pas hésiter à faire inoculer la maladie à tout son troupeau. La maladie inoculée est toujours bénigne et les pertes sont rares; l'inoculation consiste à introduire avec la pointe d'une lancette du virus pris sur une pustule d'un sujet malade, sous l'épiderme d'un sujet sain ; elle doit être faite par le vétérinaire, seul capable de bien discerner les boutons sur lesquels le virus doit être pris.

Dans un troupeau où la clavelée se déclare, tous les sujets sont loin d'être atteints à la fois; si la maladie est livrée à elle-même, le fermier peut compter sur environ cinq mois de tracas. Avec l'inoculation, tout le troupeau étant opéré en même temps, le fermier est délivré de ses soucis au bout d'une vingtaine de jours.

Dans une épidémie de claveau, qui s'est déclarée il y a deux ans en Angleterre, la vaccine a donné des résultats meilleurs que l'inoculation.

L'isolement, si l'on n'a pas recours à l'inoculation ou à la vaccine, mais l'isolement absolu est, lorsque la clavelée se montre dans une contrée, le seul moyen d'empêcher son invasion dans un troupeau. Nul mal n'est plus contagieux et les miasmes qui le portent s'imprégnent dans toute chose ; il suffit qu'un troupeau passe dans un chemin ou dans un champ où auront passé des bêtes atteintes pour qu'il se déclare ; un homme, un chien, un être vivant quelconque, qui aura été en contact avec des moutons malades, suffit pour infecter une bergerie.

Dartres, noir museau. Nous plaçons sous un même titre les affections dartreuses auxquelles le menu bétail est sujet et qui attaquent seulement les parties du corps dépourvues de laine. Elles se présentent tantôt sous la forme d'une simple plaque farineuse, tantôt sous celle d'une croûte psorique et d'une ulcération plus ou moins profonde. Chez les agneaux, l'éruption dartreuse a lieu le plus souvent sur le nez, on l'appelle alors *noir museau*. Les agneaux, dit-on, la communiquent aux brebis en tétant, et des croûtes dartreuses se montrent sur le pis.

Ces affections contagieuses, à certain degré, sont peu dangereuses et cèdent à une simple application d'huile de cade. L'acreté du sang produite par un régime échauffant, le séjour dans des étables mal tenues et privées de litière, en sont les causes ordinaires. Le pâturage, l'herbe fraîche, une distribution de racines, donnée en même temps que la nourriture sèche de l'hiver et dans tout le temps la propreté, sont les meilleurs préservatifs.

Diarrhée. Elle survient souvent au printemps dans les troupeaux qui paissent sur des herbages tendres et abondants. Le préservatif le plus sûr est de ménager la transition du régime d'hiver à celui du printemps ; dans ce but, on doit conserver pour ce moment un peu de bon foin pour en donner au troupeau, avant de le mener au pâturage. Si l'on ne réussit pas à préserver par ce moyen le troupeau de la diarrhée, on l'éloignera d'abord des pâturages trop succulents et l'on fera prendre aux sujets malades, à la dose d'une cueillerée, soir et matin, pour un adulte, la potion dont suit la formule et que j'ai déjà fait connaître dans *La Porcherie* :

| | | |
|---|---|---|
| Craie.................. | 50 | grammes. |
| Cachou................ | 25 | — |
| Gingembre............. | 5 | — |
| Opium................. | 3 | — |
| Mucilage............... | 100 | — |
| Eau de menthe......... | 300 | — |

Cette potion est généralement employée par les fermiers anglais et vendue sous le nom de *sheep and calves-cordial.*

Les agneaux ont souvent la diarrhée peu de temps après leur naissance; elle provient de ce qu'ils têtent un lait trop substantiel lorsque les brebis ont été très-bien nourries pendant la gestation. D'autres fois, elle a pour cause des acidités dans l'estomac. La potion anglaise peut leur être donnée à la dose d'une cueillerée à café deux fois par jour. Il est utile de mettre à la portée des agneaux un bloc de craie pour qu'ils puissent le lécher et souvent il n'est pas nécessaire d'employer d'autres remèdes. Mais dans tous les cas, on devra les tenir chaudement et ne pas les laisser mouiller.

La diarrhée doit être traitée dès le début pour éviter qu'elle ne dégénère en maladie plus grave.

Lorsque la diarrhée est négligée ou persistante, il arrive souvent que les excréments, s'agglutinant à la laine de la queue et des cuisses, s'accumulent devant l'anus et rendent la défécation difficile. Les malades souffrent beaucoup de cet état de choses qui les échauffe et entretient l'inflammation dans l'intestin; on doit se hâter de les en délivrer en coupant la laine dans toute la partie souillée.

Répétons que l'usage suivi en Angleterre de couper la queue aux bêtes à laine est une excellente mesure de propreté.

Gale. Cette maladie, bien connue et fort commune, est caractérisée par la présence d'arachnides du genre *sarcopte,* qui s'installent dans le derme, le labourent dans tous les sens pour y vivre et s'y multiplier. L'animal qui en est atteint éprouve des démangeaisons, maigrit, perd sa laine; lorsque la gale est invétérée, le sang s'altère et prend de l'acreté : dans cet état le sarcopte semble trouver le champ le plus favorable et se multiplie de plus en plus.

Les troupeaux les mieux tenus ne sont pas toujours exempts de gale ; le berger doit être attentif à ne pas la laisser s'y établir. Un œil exercé en reconnait la présence à l'aspect de la toison qui semble piquée et qui perd son lustre sur les places envahies : on doit se hâter d'y porter remède.

Un grand nombre de moyens ont été préconisés comme propres à guérir la gale ; parmi les plus employés, il faut citer l'onguent mercuriel et l'huile de cade qu'on étend en écartant la laine sur les places envahies. On peut leur reprocher de manque de fluidité, de mal s'étendre au tour des points où on les applique.

Les bergers du Causse de l'Aveyron emploient de temps immémorial une préparation dont l'effet s'est toujours montré infaillible et qui a plusieurs fois été vendue comme remède secret. Elle consiste dans une forte décoction d'hellébore blanc *(veratrum-album)* à laquelle on ajoute de la graisse à raison d'une cueillerée par litre, et du sel pour l'empêcher de se corrompre ; la liqueur ainsi préparée est conservée dans des bouteilles pour l'usage.

Lorsqu'on veut s'en servir, on écarte la laine sur les parties du corps affectées de gale et on y verse la liqueur à plusieurs reprises, de manière à ce qu'elle se répande de tous côtés, au-delà des places attaquées. On renouvelle l'opération à deux ou trois jours d'intervalle : il est rare qu'on ait besoin d'y revenir plus souvent.

Si la gale est invétérée et répandue sur tout le corps, il faut avoir alors recours au grand moyen, qui est le bain arsenical. On le compose en faisant dissoudre à chaud 3 k^mes^ d'arsenic par hectolitre d'eau. Deux hectolitres sont nécessaires pour 100 bêtes ; on verse la dissolution dans un cuvier et l'on y plonge les moutons après la tonte chacun pendant 2 minutes, en ayant la précaution de leur tenir la tête hors du bain (1).

Le bain doit être donné par un beau jour et les animaux qui en sortent laissés quelque temps au soleil pour se sécher.

On remplacerait avec avantage le bain arsenical toujours dangereux en épongeant fortement après la tonte les bêtes galeuses avec la décoction d'hellébore blanc.

Lorsqu'on traite des sujets fortement atteints de la gale il est bon de les mettre à un régime rafraîchissant.

La gale est contagieuse et les bêtes à laine la prennent en se frottant aux objets où se sont frottées des bêtes qui l'avaient : c'est ce qui explique comment certaines bergeries en sont toujours plus ou moins infectées. Pour les en débarrasser, il serait utile de passer une ou deux fois par an, un lait de chaux sur les murs, de peindre au coaltar les rateliers, les crèches et les portes, et de faire cette opération toujours après un traitement.

MAMMITE, MAL DE PIS. Cette maladie attaque souvent les brebis laitières ou nourrices ; elle a pour cause une disposition inflammatoire du sujet. Roche-Lubin en attribuait la fréquence dans les troupeaux du Larzac à l'usage du soubattement.

Au début, l'un des mamelons, souvent les deux, sont tuméfiés et douloureux, il survient ensuite sur le pis des indurations qui souvent le couvre en entier.

On doit d'abord isoler la brebis malade, la soumettre à une diète rafraîchissante, et si elle a de la fièvre, pratiquer une saignée ; on fera ensuite sur le pis des fomentations calmantes dont on prolongera la durée, avec une décoction de mauves et de têtes de pavot, pour combattre l'in-

(1) Le bain arsenical dont l'idée est due à Teissier, tel que le composait cet économiste, comprenait du sulfate et du peroxide de fer qui avaient l'inconvénient de tacher la laine. Il est du reste difficile de comprendre l'utilité de ces substances, non plus que celle du prosulfure de Zinc qui entre concurremment avec l'arsenic dans le bain de Clément.

flammation. Après chaque fomentation, on frictionnera avec l'onguent d'Altea. On administrera un purgatif avec le sel d'Epsom.

Lorsque les indurations ont tourné en abcès, on doit les faire aboutir en employant les maturatifs ou la lancette. Après l'évacuation du pus, lotions chlorurées deux ou trois fois par jour et ensuite pansement avec l'eau de Frias (1).

Pendant le traitement, on doit traire la brebis fréquemment et avec douceur pour ne pas la faire souffrir.

Cette maladie est difficile à guérir et son traitement doit être dirigé par un homme de l'art, mais elle serait plus souvent bénigne si on la traitait au début. Dès qu'on voit une brebis montrer de la douleur quand l'agneau tête ou qu'on la trait, on doit examiner le pis, et si on aperçoit un commencement d'inflammation la mettre à part pour la traiter. Lorsque une brebis laitière résiste à donner son lait, le valet qui la trait, loin de la ménager, soubat avec plus de force et cause une excitation plus grande lorsqu'il faudrait, au contraire, penser à diminuer celle qui existe déjà ; il en résulte que le mal s'aggrave ; l'œil du maître présent à la traite éviterait souvent bien du mal à ses brebis.

**Météorisation.** Lorsque les ruminants paissent avec avidité sur certains pâturages riches en trèfle blanc, sur des champs de trèfle ordinaire ou sur des luzernes, il se développe dans leur estomac une grande quantité de gaz ; le corps s'enfle sensiblement, surtout du côté gauche, et les animaux éprouvent un grand malaise ; la respiration est courte, gênée et rendue difficile par la pression de

(1) Liqueur très employée en Angleterre pour les plaies des animaux. En voici la formule :

| | |
|---|---|
| Benjoin, | 45 grammes. |
| Baume stirax, | 30 — |
| Baume de tolu, | 15 — |
| Aloës, | 4 — |
| Alcool, | 1 litre. |

l'estomac sur les poumons. L'asphyxie ne tarde pas à suivre, si l'on n'apporte pas au mal un prompt remède.

Le moyen le plus ordinaire de combattre la météorisation consiste à verser dans la bouche des moutons météorisés, un demi-verre d'eau dans lequel on a mis une cueillerée à café d'alcali volatil. Pour un troupeau attaqué à la fois, on fait le mélange dans la proportion d'un verre et demi d'alcali pour un seau d'eau.

Dès qu'on s'aperçoit qu'il y a quelques sujets attaqués, on doit s'empresser de faire sortir le troupeau du pâturage. Si la météorisation est légère, il suffit de faire marcher les bêtes météorisées pendant quelque temps avec une vitesse modérée. Mais si, au contraire, son intensité est telle qu'elle ne laisse pas le temps de préparer la boisson alcaline, il faut recourir à la ponction. Si l'on avait le temps ou s'il s'agissait seulement de quelques bêtes, le mieux serait de la faire avec un trocart dont on laisse la canule dans la plaie comme on fait pour le gros bétail; mais lorsqu'un troupeau entier est atteint, il faut employer un procédé plus expéditif : le berger court d'une bête à l'autre et perce avec son couteau la panse de chaque sujet météorisé sur le point le plus saillant et sans craindre d'aller profondément. Le gaz s'échappe par l'ouverture; la plaie n'est presque jamais suivie d'accidents et se ferme d'elle-même.

Les moutons qui ont été météorisés doivent être tenus pendant un jour ou deux à une diète modérée.

On doit éviter de mener le troupeau avec la rosée sur les pâturages capables de causer la météorisation. Elle est plus à craindre avec le vent du midi qu'avec tout autre temps; les jours où ce vent souffle, le berger doit redoubler de prudence.

Lorsqu'on donne du trèfle ou de la luzerne en vert à la crèche, il faut éviter que ce fourrage ait subi un commencement de fermentation. Si l'on est forcé de le donner dans cet état, il faut l'arroser d'eau salée et le mêler avec de la paille ou du foin sec.

Javart cutané, faux piétin, panaris. Engorgement et tuméfaction de l'espace interdigité dont la peau se décolore et se fendille, sécrétion par la partie malade d'une matière semblable à du suif, crevasses et ulcérations constituant une plaie profonde et purulente, fièvre, abattement; l'animal malade boite.

Cette affection est occasionnée par le séjour entre les sabots de corps étrangers, tels que de la boue, du fumier, du gravier. Elle commence par une légère irritation, qui peu à peu augmente, jusqu'au point de causer des désordres graves.

On doit d'abord nettoyer les pieds des sujets atteints et donner de la litière fraîche. Si le mal n'a pas de gravité, on peut se borner à des lotions à l'extrait de saturne ; s'il persiste, on cautérise avec le cautère actuel; après la chute de l'escare, on panse avec l'onguent égyptiac.

Pendant le traitement, on fait suivre aux malades un régime rafraîchissant.

Le javart cutané n'est pas contagieux, bien qu'on ait souvent dans un troupeau plusieurs sujets atteints en même temps. La propreté et la litière souvent renouvelée sont les meilleurs préservatifs.

Piétin. Le piétin est contagieux et se manifeste par un ulcère qui, de l'espace interdigité, s'étend sous la corne des sabots; les sujets affectés ont de la fièvre, ils sont tristes, marchent en boitant et perdent l'appétit.

Le piétin a souvent les caractères d'une épizootie, et la plupart des troupeaux d'une contrée sont atteints en même temps; il n'est ni dangereux, ni difficile à traiter, mais on ne doit pas le négliger.

Le traitement consiste à nettoyer d'abord les pieds malades; on enlève ensuite avec un instrument bien tranchant les chairs de mauvaise nature et la corne soulevée du sabot en évitant de faire saigner. Dans la pince, on aura la précaution de ne pas tailler trop profondément à cause de l'artère; cela fait, on appliquera sur la partie opérée du vitriol bleu pulvérisé, en le couvrant avec un tampon d'étoupes lié autour du pied, ou mieux l'onguent dont M. de Guiata a donné la formule dans le *Journal d'agriculture pratique* (1).

Comme préservatif du piétin, Dombasle conseillait de placer devant la porte de la bergerie une sorte de baquet rempli d'eau de chaux où le troupeau soit forcé de passer en entrant et en sortant. Les personnes qui ont employé ce procédé en ont éprouvé de bons effets.

Pourriture, cachexie aqueuse. Les bêtes à laine atteintes de la pourriture ou *gâtées*, comme disent les bergers, ont la démarche abattue ; elles portent la tête basse, leur physionomie est triste et leur attitude dénote l'affaiblissement de l'organisme ; la toison perd son lustre et s'arrache aisément ; la peau est jaunâtre et n'a pas la teinte rosée des sujets bien portants ; l'œil est terne et les veines ainsi que la caroncule sont jaunes ; il vient enfin sous la ganache une poche dont le volume augmente avec l'intensité du mal ; sa présence est souvent intermittente.

A l'ouverture du cadavre, on trouve les cavités remplies d'humeur séreuse, et dans le foie et les conduits biliaires de nombreux helminthes appelés *douves (Distoma hepaticum*, Rud.)

Le pâturage, dans des endroits marécageux ou simplement humides et sur des herbes vasées ; l'excès d'une nourriture trop succulente, comme les regains de prairies ou de trèfle pendant l'automne ; le pâturage, après les pluies sur des terres riches en débris organiques, qui se mettent alors en fermentation et laissent échapper des

(1)

| | | |
|---|---|---|
| Sous acétate de cuivre, | 500 | grammes. |
| Acide pyroligneux, | 150 | — |
| Axonge, | 300 | — |
| Cire jaune, | 50 | — |

On fait d'un côté une pâte avec le sel de cuivre et l'acide, pendant que de l'autre on fait fondre à une chaleur douce l'axonge et la cire ; après leur refroidissement on mêle le tout dans un mortier.

L'avantage de cet onguent est de tenir sans bandage.

miasmes délétères; telles sont les causes les plus ordinaires de la pourriture.

Ajoutons l'usage des racines comme nourriture d'hiver et en particulier du topinambour lorsqu'on ne leur associe pas le foin ou la paille en suffisante proportion.

Lorsque la pourriture a pour cause le pâturage sur les regains d'automne, livrés sans précaution, comme il arrive souvent pour des bêtes à l'engrais, sa marche est très rapide. Les sujets atteints paraissent d'abord gagner beaucoup d'embonpoint, mais tout à coup les symptômes éclatent à la fois ; l'animal maigrit, s'affaiblit et meurt au bout de peu de jours.

D'autres fois, la marche de la maladie est plus lente. Les animaux atteints, qui d'abord semblent conserver leur bonne santé, montrent peu à peu les symptômes de la pourriture et vont en s'affaiblissant par degrés ; la maladie peut durer plusieurs mois. Sous cette forme, la pourriture semble ne pas être autre chose que l'effet consécutif d'une infection paludéenne.

La pourriture a été regardée longtemps comme incurable ; elle cède cependant à des moyens assez simples, lorsqu'elle n'a pas atteint son dernier période.

Si l'invasion est récente, on donnera deux fois par semaine une dose de 2 grammes de sous-carbonate de fer dont on saupoudrera quelques tranches de betterave ou de toute autre racine (1).

Si la maladie est plus avancée, les doses seront plus fréquentes, elles pourront même être données tous les jours. J'ai vu des sujets très attaqués guérir par ce moyen.

En même temps le régime devra être rendu plus tonique. Le troupeau sera conduit seulement sur les pâturages les plus secs ; on ajoutera à la provende des baies de genièvre, du sel et de la poudre de gentiane.

La gentiane, la petite centaurée, les divers succédanés

(1) Le sulfate de fer a la même action, mais son goût rebute le bétail, et ce n'est qu'avec peine qu'on le lui fait prendre.

du quinquina peuvent être employés pour combattre la pourriture. M. Pons-Tende a récemment éprouvé les effets curatifs de l'écorce de saule depuis longtemps signalée par Rodat comme un préservatif.

L'usage des plantes marines, recommandé par Raspail, doit être excellent. Ce savant conseille de recueillir avec soin le *zostera* ou foin de mer qui sert à emballer les bouteilles et qu'on peut se procurer à peu de frais chez les droguistes, pour en donner de temps en temps une poignée à chaque bête ; mais malheureusement loin des côtes on ne peut pas en avoir assez pour un grand troupeau.

Le zostera agit sans doute par l'iode qu'il contient : on sait que ce corps est l'antidote opposé par la médecine aux désordres qui menacent les tempéraments lymphatiques. C'est l'iode des plantes marines plutôt que le sel qui préserve de la pourriture, les troupeaux qui s'engraissent au bord de la mer, sur les marais salants, où ils ne prennent jamais cette maladie.

Malgré l'opinion admise par les économistes anglais, je ne puis considérer le sel comme un préservatif de la cachexie, ni comme un remède. Cette maladie est aussi fréquente dans les contrées où l'on donne beaucoup de sel aux troupeaux que dans celles où l'on n'en donne pas. Les Anglais qui en font généralement usage perdent beaucoup de moutons de la pourriture ; leurs pertes dans les trois royaumes s'élèvent, selon W. Youatt, à 2 millions de sujets par an !

Un régime bien dirigé et un berger honnête et capable sont les moyens les plus certains de préserver le troupeau de la pourriture. Dans les contrées marécageuses et malsaines, on donnera de temps en temps au menu bétail une dose de sous-carbonate de fer, et avec le sel des plantes toniques ; mais surtout on évitera de le laisser sortir à jeûn de la bergerie, et s'il n'est pas possible de lui donner du foin ou de la paille avant la sortie du matin, on le conduira sur des bruyères, sur des genêts, dans des bois de chêne avant de le mener sur des herbages plus riches, mais plus dangereux pour sa santé.

Maladie rouge, mal de Sologne. La cause du mal de Sologne est dans la pénurie dont souffrent les troupeaux pendant l'hiver et dans la transition brusque au régime meilleur du printemps, et plus tard au pâturage substantiel des chaumes. Ce passage subit de la disette à l'abondance serait funeste à des animaux doués d'une bonne constitution ; il l'est à plus forte raison à des sujets dont le tempérament débile est la suite du mauvais régime dont ils ont souffert dans leur jeunesse, comme c'est l'ordinaire dans les contrées où le mal de Sologne est le plus fréquent.

Cette affection n'est pas sans quelque analogie avec la pourriture et comme celle-ci elle consiste dans un appauvrissement du sang : il est clair, rosé, très fluide, peu plastique.

L'animal atteint du mal rouge est abattu, ses yeux sont pâles et mouillés d'un larmoiement sanguinolent ; il jette par les naseaux une humeur visqueuse, sanguinolente aussi ; les urines sont rouges ; à mesure que le mal avance, le pissement de sang devient plus fréquent et enfin continuel ; la mort survient du quatrième au douzième jour.

Le traitement préservatif, comme pour la pourriture, consiste dans un régime légèrement tonique et dans l'emploi des fèbrifuges.

On peut donner le mélange suivant à des sujets chez lesquels les germes de la maladie sont soupçonnés ; car si elle est nettement déclarée, elle est sans remède.

| | | | |
|---|---|---|---|
| Avoine concassée..... | 1 k. | »» | grammes. |
| Poudre de gentiane... | » | 50 | — |
| Sous-carbonate de fer. | » | 4 | — |

Chaque jour deux bonnes poignées par tête ; on continuera pendant plusieurs jours l'usage de cette provende.

Dans les fermes exposées au mal de Sologue, on doit semer au printemps un champ d'avoine pour y mener paître le troupeau, en même temps que sur les chaumes, pour tempérer les propriétés trop nourrissantes de ceux-ci.

Mais le meilleur préservatif du mal de Sologne est dans

la bonne culture et un assolement des terres tel que le fermier puisse rentrer une bonne provision d'hiver pou-son troupeau. Il est aussi dans l'abandon des races dégénérées où la disposition à la maladie est aggravée par la tranmission héréditaire, et leur remplacement par des races plus robustes. Mais ce dernier point serait sans effet, si l'on ne s'était pourvu d'avance des moyens d'améliorer le régime et l'hygiène du troupeau.

Apoplexie, Coup de sang. Dans les troupeaux les mieux portants, on perd toujours quelques bêtes, et d'ordinaire les plus belles, par suite de coups de sang qui les frappent subitement. L'animal atteint s'arrête tout à coup immobile; ses yeux sont fixes et il semble ne rien voir autour de lui; la pupile est dilatée, la conjonctive, les muqueuses de la bouche et du nez sont injectées; il chancelle, tombe et meurt.

Le seul remède est, si l'on arrive à temps, de pratiquer une saignée copieuse; on tient ensuite pendant quelques jours le malade à la diète et on lui donne pour le purger une dose de sel de Glauber ou du sel d'Epsom; régime tempérant, boissons acidulées.

Les moutons fortement nourris, lorsqu'ils sont pressés dans leur marche, effrayés ou excités par une cause quelconque, capable d'accélérer la circulation du sang, sont exposés à l'apoplexie. C'est le cas de ne pas oublier la recommandation que nous avons répétée plusieurs fois de mener le troupeau lentement et d'éloigner de lui toute cause de trouble. Ceci importe d'autant plus que la race s'éloigne des types communs et se rapproche de ceux de boucherie.

On évitera beaucoup de cas d'apoplexie en faisant rentrer le troupeau à la bergerie, l'été pendant les heures de forte chaleur et en le tenant au pâturage seulement le matin et le soir.

Sang de rate. Cette maladie est encore mal connue; les anciens vétérinaires paraissent l'avoir confondue avec le mal de Sologne. On la confond aujourd'hui avec le charbon et on lui applique le même traitement ; elle en diffère cependant en ce qu'elle n'est pas contagieuse.

Au contraire du mal de Sologne, qui est le résultat de l'apauvrissement du sang, le Sang de rate a pour cause une alimentation trop substantielle ; il est plus commun dans le midi que dans le nord ; sur les terrains calcaires dont l'herbe est très-nourrissante que sur le sol granitique.

Le sang de rate sévit surtout en été pendant les grandes sécheresses, lorsque l'herbe des pâturages est presque desséchée et ses arômes condensés au plus haut point. Tout devient alors pour l'organisme une cause d'inflammation ; les plus belles bêtes du troupeau, celles qui semblent le mieux portantes sont les premières attaquées.

La plupart du temps elles sont frappées subitement ; le sujet malade s'arrête tout à coup, ses membres sont saisis de tremblement, il s'étend dans une sorte de convulsion spasmodique, il rend un peu de sang avec les urines et par le nez et tombe comme foudroyé.

Tout cela ressemble beaucoup à l'apoplexie, frappe les animaux de la même manière et a pour le fermier le même résultat.

Si le berger s'aperçoit à temps qu'un animal est frappé, il fait une saignée, il sauve ainsi quelques bêtes, mais bien peu.

Quelquefois l'approche du mal est annoncée par des symptômes qui avertissent le berger. Les indigestions sont fréquentes dans le troupeau, les moutons paraissent lourds, ils portent la tête basse, la langue est gonflée et sort de la bouche, les yeux sont injectés de sang. Dans cet état de choses, on doit se hâter de changer le régime et de le rendre tempérant, de donner des boissons rafraîchissantes, de conduire le troupeau sur de jeunes luzernes ; on le fera paître seulement pendant les heures les plus fraîches du jour, le matin à la rosée et le soir, et on le laissera à la bergerie pendant les heures les plus chaudes.

L'émigration, pendant l'été, des pays de plaine dans les montagnes est le meilleur préservatif du sang de rate.

On a observé dans le midi que les sujets issus de croisements avec la race barbarine étaient moins sujets au sang de rate que les races locales pures.

L'Œstre. La larve d'un insecte de l'ordre des diptères, *Œstra ovis*, Lin., *Cephalaria ovis*, Clark, incommode souvent les troupeaux et produit des effets analogues à ceux du tournis.

Pendant l'été, l'œstre, à l'état parfait, vole autour des moutons et dépose sur le bord de leurs naseaux des œufs que la chaleur fait bientôt éclore. Les larves qui en proviennent pénètrent dans les fosses nasales, et de là dans les sinus frontaux où elles acquièrent une longueur de 2 centimètres et quelquefois au-delà. Il y a ordinairement deux ou trois larves chez chaque sujet affecté. Leurs mouvements qu'elles exécutent en rampant à l'aide de crochets dont leurs articulations sont armées produisent de vives douleurs. L'animal que l'œstre tourmente est inquiet, il maigrit, il a des convulsions, il jette des mucosités par les naseaux, il tourne souvent sur lui-même. La maladie, que les bergers ne distinguent pas la plupart du temps du vrai tournis, se termine par la mort.

On peut tenter l'opération du trépan, peu dangereuse sur les sinus frontaux; mais il est un remède plus simple qui consiste à exposer les malades à des fumigations sternutatoires de vapeurs sulfureuses.

Comme moyen préservatif, Raspail conseille de lotionner le voisinage des naseaux avec une forte décoction d'aloës. Le mieux est de faire rentrer le troupeau à la bergerie dendant les heures de chaleur où l'œstre est en mouvement.

Tournis. — Le tournis est occasionné par la présence d'un parasite de l'ordre des helminthes, qui habite dans le crane des moutons. Les naturalistes le nomment *cœnure*. *Cœnurus cerebralis*. Brem.

« Le Cœnure, dit Dujardin, est formé d'une grande

» vessicule membraneuse commune, pleine d'un liquide » albumineux transparent, et sur laquelle sont soudés » plusieurs petits helminthes terminés par une tête de » tœnia, c'est-à-dire avec quatre ventouses et une cou- » ronne de crochets; ces helminthes, qui sont entière- » ment rétractiles à l'intérieur, ne peuvent faire saillir » leur tête qu'au dehors de la vessicule. »

Ces parasites, soit par leurs crochets ou leurs ventouses, soit par leur pression sur le cerveau des moutons, produisent des effets très-graves. Les agneaux et les antenais y sont plus exposés que les bêtes adultes, chez qui le cœnure se montre assez rarement. Dans les contrées humides, il est plus rare que dans les contrées sèches; certaines races et particulièrement les Mérinos y sont plus exposés que d'autres.

L'animal affecté du tournis a l'air triste et abattu; il s'isole des autres, son regard est hébêté, tout-à-coup il s'arrête, puis court comme effrayé et s'arrête encore subitement; il regarde de côté, tourne souvent sur lui-même, dans le sens opposé au point où il sent la douleur qu'il semble fuir; il mange peu et maigrit: tous ces symptômes s'aggravent à mesure que la maladie fait des progrès. Le cœnure, d'abord gros comme un grain de colza, augmente de volume jusqu'à prendre celui d'un œuf de pigeon; la pression devient plus douloureuse et le nombre de têtes augmente sur la poche vessiculeuse; à l'ouverture on trouve sous la dure-mère et quelquefois dans le cerveau plusieurs vessicules de volume variable.

Le traitement du tournis, toujours très-incertain, consiste, soit dans l'opération du trépan qui permet d'atteindre le cœnure et de l'enlever, soit dans la ponction de la vessicule. La place où l'on doit enfoncer le trocart est indiquée par un ramollissement de l'os du crane. Après l'opération on renverse l'animal sur le dos et on lui maintient la tête le sommet en bas, pour faire écouler la liqueur séreuse. Il faut un vétérinaire très exercé pour que ces opérations réussissent, et encore le succès est-il rare.

D'après un article de l'ancienne Bibliothèque britannique, la décoction d'absinthe aurait été essayée avec succès contre le tournis. Dans le cas cité, cette décoction faite assez forte fut administrée à la dose d'un verre à liqueur deux fois par jour à un antenais. Le huitième jour il parut guéri, mais il y eut une rechute quelques jours après; on renouvela le traitement en portant la dose à trois verres. Le malade cessa de tourner le troisième jour, mangea et parut bien portant. On continua le traitement pendant quinze jours et il n'y eut plus de rechute. C'est une expérience à reprendre.

Un vétérinaire homœopathe allemand assure avoir constamment obtenu de bons effets de la belladone préparée et administrée selon les procédés homœopathiques.

Le cœnure, comme la plupart des helminthes, affecte les sujets d'un tempérament faible; c'est donc par un régime fortifiant qu'on préservera les jeunes bêtes du tournis. On devra souvent leur donner, dans les contrées où cette maladie est fréquente, des plantes aromatiques avec le sel, des baies de genièvre et surtout de la suie; cette dernière substance est regardée dans quelques contrées comme un excellent tonique, et l'on y en fait un grand usage comme préservatif du tournis.

## APPENDICE.

### LES CAVES DE ROQUEFORT.

Dans le chapitre VIII de cet ouvrage, nous avons décrit la préparation du fromage de brebis ; prenant comme type celui de Roquefort, nous l'avons suivi jusqu'au moment où il sort des mains du fermier ; il nous reste à faire connaître la série d'opérations qu'il subit dans les caves, et auxquelles il doit ses qualités et son renom.

Le village de Roquefort, situé dans l'arrondissement de Saint-Affrique, est bâti à mi-côté sur le revers nord d'une montagne détachée du plateau du Larzac. Son altitude est de 600 mètres; celle de la montagne qui le domine est de 830.

La montagne est couronnée par une haute rampe de rochers formés de calcaire oolithique, reposant sur les assises marneuses du lias ; celles-ci étant moins solides, il en est résulté des éboulements qui ont formé au-dessous de la rampe un nouveau sol, composé d'un amas de rochers bouleversés ; il est resté entre ceux-ci de nombreuses fissures, constituant des conduits naturels qui pour la plupart communiquent avec une caverne située dans l'intérieur de la montagne. Dans la caverne est un vaste réservoir d'eau provenant de la stillation de la voûte. La caverne est elle-même en communication avec le côté opposé de la montagne ; il en résulte un courant d'air rafraîchi qui se fait sentir à l'ouverture extérieure des soupiraux.

C'est la présence des soupiraux qui a motivé la construction des caves; on a profité d'abord d'excavations naturelles qui se trouvaient autour de leur ouverture, et alors on s'est borné à les agrandir, à consolider leur paroi et à bâtir au-devant les divers locaux qui composent l'établissement. D'autres fois, et dans des situations moins favorables, il a fallu creuser dans le sol au milieu des rochers éboulés et construire la cave tout entière en solide maçonnerie, en conservant aux soupiraux leur ouverture.

La température des caves, beaucoup plus basse en été que celle de l'air extérieur, varie selon le temps entre 4 et 6 degrés centigrades : elle est plus faible avec le vent du midi qu'avec tout autre vent.

Les caves ont la plupart plusieurs étages ; leur pourtour et leur milieu sont garnis d'étagères sur lesquelles on dépose les fromages. L'établissement comprend plusieurs divisions qui sont, outre les caves proprement dites, le *poids* toujours situé au-dessus des caves, et le *saloir*. Les diverses manipulations sont faites par des femmes appelées *cabanières*.

Les fromages envoyés par les fermiers doivent être fermes et ne plus contenir de petit lait. Ils arrivent à la cave de grand matin ; les fermiers ont la précaution de les faire voyager de nuit pour éviter la chaleur du jour. Ils sont reçus dans le poids, reconnus et pesés. On rebute ceux qui ne sont pas suffisamment débarrassés de petit lait où dans lesquels on remarque toute autre défectuosité, entre autre celles d'avoir été salés. Les rebuts sont préparés pour le compte des fermiers.

Les fromages reçus le matin sont portés le soir au saloir. Ce local est d'autant meilleur pour l'usage auquel il est destiné, qu'il participe de la fraîcheur des caves. Les fromages y sont empilés trois par trois, après qu'on a étendu une poignée de sel fin sur une de leurs surfaces planes. Vingt-quatre heures après on les retourne ; l'autre surface est salée comme la première, et on les replace de la même manière ; ils restent encore en cet état vingt-quatre heures, après quoi on les frotte vivement avec un morceau de toile forte pour bien faire pénétrer le sel dans la pâte. Ils sont ensuite replacés en pile de trois; on les laisse ainsi deux jours, après quoi on les remonte dans le poids.

Les fromages y subissent deux nouvelles opérations : la première consiste à enlever de la surface, avec la lame d'un couteau, une couche déjà en partie soulevée d'une matière gluante qu'on nomme *pégot;* son épaisseur, variable avec la saison, est plus grande pendant le mois de juillet qu'au commencement et à la fin de la campagne. Immédiatement après on racle les fromages et on enlève une seconde couche qui est la *rhubarbe blanche.*

Ce produit est recherché comme aliment par les gens de la classe ouvrière; il est livré de suite à la consommation ou conservé en cave dans des pots de terre; on le paie de 40 à 50 centimes le kilogramme. C'est un bon tonique pour les gens de peine et un fort stimulant pour l'estomac. Cette série d'opérations s'appelle *revicer.*

Les fromages revivés sont examinés avec soin et classés en trois catégories, qui sont : le premier choix ou *sur choisi*, la première et la deuxième qualité. A la vente, la différence entre ces trois classes est de 20 p. %.

Les fromages sont ensuite portés dans la cave, ils y restent pendant huit jours en pile de trois, après quoi on les place de champ sur les tablettes, en ayant soin d'éviter entre eux tout point de contact. On appelle cela *les mettre en plies.*

Les fromages mis en plies se couvrent, après quelques jours, d'une moisissure blanche, serrée, longue de 5 à 6 centimètres. La croûte qui sert de champ à cette végétation cryptogamique est jaune ou rougeâtre, selon les caves, car toutes ne la donnent pas de même couleur. Les fromages sont alors raclés, le résidu qu'on enlève appelé *rèverun* se vend pour nourrir les cochons au prix de 5 centimes le kilogramme (1).

(1) Avec les chaleurs, le reverun fermente, il devient alors dangereux pour les animaux qu'on en nourrit; on ne doit le leur donner qu'avec modération.

Le raclage se renouvelle de huit à quinze jours d'intervalle, selon que les caves accélèrent la maturité des fromages et selon la qualité de ceux-ci. Les pâtes grasses et fines sont plutôt mûres que celles qui sont sèches et de qualité inférieure.

Les fromages des premiers mois de la campagne sont prêts pour la vente après 25 ou 30 jours de cave. On les expédie à mesure des demandes qui se succèdent pendant toute la saison, en choisissant toujours dans la qualité demandée les plus approchants de la maturité. Ils ne sont pas alors susceptibles d'une longue conservation, et il arrive souvent qu'ils laissent à désirer par suite d'une maturité insuffisante; mais ceux qui ont séjourné assez longtemps dans les caves sont excellents.

Les fromages de l'arrière-saison restent plus longtemps en cave; ils sont raclés plusieurs fois, et à chaque nouvelle façon la moisissure de la surface est moins forte et finit par ne plus se montrer que comme un duvet velouté. Vers la fin de septembre, ils ont atteint leur maturité complète, et après qu'on a enlevé une dernière fois le reverun, on donne une seconde raclure qui produit ce qu'on appelle la *Rhubarbe rouge*, estimée comme la blanche par les gens de la classe ouvrière. Dans cette saison les fromages ont acquis plus de fermeté et un goût plus piquant, quoique toujours fin, chez ceux qui sont de bonne qualité. Ils peuvent dans les ménages et chez les marchands de détail se conserver plusieurs mois pourvu qu'ils soient tenus dans un lieu sec et frais.

Les déchets que les fromages éprouvent dans les caves sont estimés s'élever de 23 à 25 pour cent.

Le prix du fromage payé au fermier par les exploitants des caves est de 50 à 60 fr. par quintal de 50 kilogrammes. La production étant en moyenne de 45 mille quintaux, c'est environ 2 millions et demi que le commerce paie à l'agriculture de la région de Roquefort pour ses seuls fromages. De là résulte une grande aisance dans cette contrée.

# TABLE DES MATIÈRES.

Rodez, Imprimerie de N. RATERY, rue de l'Embergue, 21.

TYPOGRAPHIE
N. RATERY, A RODEZ.

www.ingramcontent.com/pod-product-compliance
Ingram Content Group UK Ltd.
Pitfield, Milton Keynes, MK11 3LW, UK
UKHW020917180726
13838UKWH00002B/605

9 782329 386119